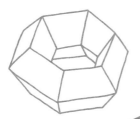

在生活中
輕鬆學習數學！

$\sqrt{}$

需要 ≧
數學
的瞬間

＋ － × ÷ √ ＝

金民衡／著　黃莞婷／譯

笛藤出版

　　數學家中，喜歡數學的數學家遠比想像中少。這句話看起來有些奇怪，但我的意思是，計算數學和思考數學是兩碼子事，兩者的差異就像是藝術家和評論家、科學家和科學哲學家、鳥類和鳥學家一樣。簡單的說，具有強烈的求知慾，深度探究數學的人有可能討厭思考與數學相關的一切，更不要說聊數學了。我有名的牛津同事——數學家安德魯・懷爾斯（*Andrew Wiles*）就是代表性的例子。他絕口不聊數學相關的事，給人留下了深刻印象。他不愛談論複雜又沒完沒了的物理學理論，尤其是量子力學，也曾對其他物理學家嚴肅表示：「別說了，算就對了！」

　　我想我更像個業餘數學家，因為比起算數學，我更享受思考數學。但是，這並不代表我企圖成為一名「數學哲學家」。我很喜歡算數學和教學生數學，在空閒的時間思考數學。我最喜歡的就是聊與數學相關的一切。問題是光嘴巴上聊數學，水過無痕，無法達成任何學術方面的成就。如果聊數學的同時也能產出某些東西就好了。

　　而在 2016 年年底，*Influential* 的金寶京（김보경，音譯）和鄭多伊（정다이，音譯）找上了我，

提議將我說的話化為文字。我心存感激地接受了他們的提議。經過長時間的討論，他們努力理解數學，細心修正我的胡言亂語。我對他們的耐心感到十分驚訝。如果說這本書有任何值得一讀的部分，有 99% 是多虧了兩位。

過去，我寫過幾本不成熟的書、雜誌和論文，但要我具體回憶過去寫了些什麼內容，實在有點困難。因此，在這本書中，我可能有意或無意地把過去的內容加以活用——具體來說，書中我摘選了部分過去在朝鮮日報寫的專欄內容，關於這一點，我沒有藉口好說，只能在此先請求讀者的諒解。我的一生總是反覆著差不多的話題，我也清楚每次聊一樣的東西，既浪費作者、也浪費讀者的時間，這都是由於我希望能把事情說得更有條理，心懷不現實的期待而導致的。但還好，就這本書來說，能發行這本書不光是我的虛榮心作祟才犯下的錯，更是認為我的話很有趣、從旁煽風點火的 *Influential* 兩位編輯釀下的大錯。

除此之外，犯錯的還有，像是把我養育成人的父母、助長我的無責任感的太太，還有受到我錯誤的家庭教育的兒子們更是錯上加錯。此外，我牛津大學墨頓學院的同事們一昧容忍我不像話

的提問、與我對談，也理當受到指責，特別是物理學家 *Alex Schekochihin* 和 *Alan Barr*、邏輯學家 *Boris Zilber* 和 *Udi Hrushovski*、哲學家 *Ralf Bader* 和 *Simon Saunders*、古典學家 *Thomas Philips* 和 *Guy Westwood*，經濟學家 *Vijay Joshi* 及律師 *Sam Eidinow*，還有英文學家 *Richard McCabe* 和 *Will Bowers*。從各種方面來說，他們縱容了我收錄在這本書中的胡說八道，理所當然要和我一起接受讀者們的批評非難。最後，我要感謝耶魯大學的吳熙（오희，音譯）教授，感謝您在我每次提起數學話題時，您都會用嚴厲的指教，挫敗我的銳氣。

　　我很清楚翻開書閱讀序言是件麻煩事。為此，再次向讀者們道歉。

2018 年 7 月
金民衡

| 展 | 卷 |

　　人生在世必然會面臨許多問題，有時問題會迎刃而解，有時卻無解，甚至有時連希望找到的答案長什麼樣都不知道。每當這種時候，發掘答案的過程就是開闢新道路的過程。需要數學的瞬間正是這樣的瞬間，因為數學是歷經人類漫長的歷史，反覆提問、激發人類思考能力的一門學問。

　　這本書由國際知名學者，英國牛津大學數學系金民衡（김민형，音譯）教授在 2016 年 12 月到 2018 年 2 月一年多的時間進行的課程為基礎，旨在解答數學史上最重要的難題，比如說，費馬原理的〈光線的有限性證明問題〉。本書收錄了喜歡莎士比亞和蕭邦的數學家金民衡和學生的一連串問答，要和讀者一起探索名為數學的廣大世界。

　　這個特別講座在韓國科學技術院高等科學院的數學難題研究中心的研究室舉辦，此學院有天才學府之稱，但聽講的學生只要看到超過四位數的數字就會頭痛。金民衡教授的課堂內容從數學方程式基本原理、諾貝爾經濟學獎理論，到最新的現代數學。金民衡教授的教學目的不是讓學生「學習」數學，而是誘使學生陷入數學的魅力，

像是從不可能中尋找可能的《阿羅的不可能定理》（*Arrow's impossibility theorem*）和構成宏觀世界體系的尤拉數（*Euler numbers*）。

　　而我們能在這堂課裡學到什麼呢？我們會學到環繞於我們周遭、人類所創造的研究方法，比如說自然、社會、宇宙和資訊等。比起答案，我們必須先找出問題，發現其中的構造和模式、規律和誤差，活用邏輯，從而解決問題。這一連串的「過程」就是我們體驗建構數學思維的過程。希望讀完這本書，讀者們也能感受到人類隱藏的偉大魅力——數學思維。

　　現在定居英國的金民衡教授，在放假時經常回到韓國，和各式各樣的人津津樂道地談論數學。這些人中，有小學生，也有大學生，但是最容易深陷課程的反而是上班族，像是大企業職員，或是和數學風馬牛不相及的昆蟲專家。許多和這門課程毫無關係的人都為這堂課著迷，課堂總是坐無虛席，是因為上課內容簡單才這麼有人氣嗎？其實不然。金民衡教授成功地讓每個人都能「理解」課堂內容，並不等於「簡單」。

　　我們希望在進行邏輯思考的過程中，培養出

傑出的邏輯思維，即使不運用在數學上也沒關係。人們習慣逃避深度思考，可是金民衡教授的課堂不容許這種時刻的存在。金民衡教授看似慢條斯理，深入淺出地說明數學觀念，卻總是能引領聽講者投入深度思考中。即便聽講者不是專業人士，即便這門課不好理解，但金民衡教授透過直觀事例和精妙邏輯，為聽講者培養靈活思考的能力，讓聽講者著迷於數學的美麗中。

　　我們希望透過本書，把一年多的課堂歡樂時光，分享給各位讀者。這本書並不打算用簡單的說明，讓普羅大眾都能愛上數學，也不打算呈現數學教育過程，更不會把數學和有趣的電影相提並論，企圖傳達數學很有趣的想法。這本書只是一本單純地暢聊數學的書，希望讀者們能直觀感受數學本身擁有的、儘管費解卻令人心馳神往的力量。

　　當你讀著這本書，在不經意地舉首時，卻發現眼前的世界有些許變化，那正是你的數學思維正在覺醒的徵兆。我們深切希望能與各位分享這份單純的喜悅才出版了這本書。

2018 年 7 月
Influential 編輯部

| 目 | 次 |

數學影響著人類的直觀。雖然 17 世紀時機率論才問世，但現代人一樣能輕易理解什麼是「37% 的降雨機率」。如果說今時今日的人類與過去的人類的想像力存在差異，那麼，差別就是在兩者的數學理解力。

第1講

什麼是數學

伽利略（Galileo）說過：「想要了解宇宙，就必須學習宇宙相關語言，並且熟悉它。宇宙的語言指的就是數學語言。」了解數學的方法，就像我們了解日常知識和宇宙相關知識一樣，數學並不是特定的邏輯思維。

第2講

改變歷史的數學三大發現

如果能了解費馬（Pierre de Fermat）和笛卡兒（René Descartes）的座標系、愛因斯坦（Albert Einstein）的相對論，或多或少能了解爲什麼我們需要數學思維，要如何對我們現在不懂的事有效提問，往後又該如何找出希望的提問方向。

第3講

機率論的善與惡

在海德公園裡有 10 人被害，這算是一件大事嗎？每一條生命都是珍貴的，但另一方面來說，假如犧牲 10 個人能阻止死傷無數的恐攻發生呢？這種倫理議題的判斷也涉及了數學機率。

第4講

沒有答案也可以

選出最佳候選人的方式是？檢視許許多多的投票方式，每個方式都會產生截然不同的結果，難道所有的方式都錯了？與其因無法達到十全十美，選擇放棄，不如一窺數學之限制條件的奧妙。

　　數學就是進步。它和其他學科一樣，不斷地在進步，數學的進步一直都被列為人類文化遺產的一部分。是不是很少聽到有人說數學是文化遺產？這意味著數學是一個歷經歷史演變過程的領域。

　　舉例來說，在古代，只有專家才會加減乘除的基本運算，然而現在加減乘除的運算能力，實在比閱讀能力更普遍得多。要演變到現在這樣，需要漫長的時間，就像現在大家耳熟能詳的機率論，其起源的真正時間在 17 世紀。這一概念在剛提出時，只有專家才懂，但現在人們輕而易舉就能理解「手機顯示電量剩下 37%」的意思。

　　數學的發展幾乎和所有領域息息相關。400 年前，為了推導太陽周遭的行星運動規律和鄰近地球的月球運行軌跡，才發明了微積分。而後，微積分這門學科被廣泛應用在物理學、經濟學、生物學和工學領域，也在現今的機器學習和人工智慧的最佳演算法中都扮演著重要的角色。

　　比如說，代數論在 19 世紀奠定了它的地位，有關代數論的各種研究持續了幾個世紀，要是沒有代數論，我們現在就不能使用網路搜尋，也無法傳送資料。在歷史的洪流裡，過往重要的數學理論逐漸發展起來，成為現代人的普遍知識。我們的世代對於數學理論的重視程度不斷提高，仍持續發展中。也許在不久的將來，小學就可以學到

我們現在在大學才會學的數學，尤其是機率論、數論和幾何學。

其中更以電腦技術受到數學的影響最大，數學對科技發展有很大的幫助。自從電腦問世之後，數學和電腦科學相輔相成，蓬勃發展，有時以理論為主，有時以實踐性為主，最新發展出的領域就是人工智慧，而人工智慧的實踐度遠遠超過專家的思維脈絡。

電腦功能與數學理論發展關係十分密切。有許多學者借助電腦進行純數學實驗，譬如說著名的數學理論：貝赫和斯維訥通戴爾猜想（*Birch and Swinnerton-Dyer Conjecture*'）[1] 和黎曼猜想（*Riemann hypothesis*）。這兩個理論都被無數次的電腦實驗論證才成立。

更驚人的是，人類的基本直觀自然而然地影響著科技的發展。比方說「空間和時間是如何創造出來的？」，像這種尚待解決的日常重要問題，有很大的部分受到我們的直觀思考，同時促進了科技發展。

1）數學重要的未解問題之一。在數域中的任一橢圓曲線 E 上的點，其 Hasse–Weil-L-function L (E,S) 的 S=1 應當等於橢圓曲線上構成的阿爾貝群的系數。1965 年，布萊恩·貝赫（Bryan Birch）和彼得·斯維訥通戴爾（Peter Swinnerton-Dyer）以劍橋大學 EDSAC 電腦的數據為基礎，發表了此假定理論。而後貝赫和斯維訥通戴爾猜想被克雷數學研究所（Clay Mathematics Institute）與其他需要解決的難題選為千禧年大獎七大難題，每解破一題可獲 100 萬美元獎金。

在古希臘的蘇格拉底時代之前，當時的人類研究過大自然的構成要素，希臘人稱之為「原子（block）」。到了 20 世紀的時候，人類發現了原子是由夸克（quark）和輕子（lapton）構成的，另外，還發現了其他粒子的存在，像是構成光的光子、W 及 Z 坡色子（boson）和膠子（gluon）。即使發現了這麼有趣的事，但要搞清楚是什麼構成宇宙和時間依然是件讓人傷腦筋的事，前人留下了一個謎題。空間和時間的框架，是最重要也最難解的大自然謎題。它抗拒面對人類所有提問。

要想了解這個謎題，不能不考慮到空間和時間的「不連續性」。換言之，要先接納空間和時間的平滑外在是由不連續的微小粒子結合所組成的，但 100 年前的科學家們想像不出這種可能。

然而，視覺科技隨著時代進步，人類順理成章地接納了這種驚人的假設。據我所知，就連現在的大學生們也能透過電腦螢幕擷取許多的連續分鏡，結合其中相似的像素，構築幻象。

因著新科技的進步，人類的思考模式受其感染，養成了能拓展理論表述的直觀思維。多虧現代物理學的進步，我們知道空間是由「空間量子」所組成的，不用再思索是什麼物質構成了時間與空間。但要理解這個概念並不容易，很可能要新式的數學才能搞清楚「空間量子」的本質。

現在的我們仍在持續努力培養新的思維脈絡，以期適應這些抽象構造、自然現象和高科技產品。在適應的過程中，必定要具備高度的理解力。有人說：「在某種程度上，我們可以輕易地理解『量子力學』，但唯有數學方能彰顯量子力學的美麗。」[2]

　　我們現在抱有的疑問，往後多半會變成一般常識。如果說現在和未來，人類的智慧和想像力有差別的話，那個差別正是數學理解力。

　　那麼什麼是數學理解力呢？

　　本書就是有關數學理解力的探究歷程，是一場找出「什麼是數學？」線索的旅程。本書用我在課堂上與學員對話的方式陳述，而我之所以採用對話的形式，是因為對話能了解彼此想法的落差，我想讓大家看到想法不同的人是如何一步步理解對方，從而一起踏上這趟旅程。本書讀者們一定也會有不同的觀點，但即使就算站在岔路前，我們始終是站在同一條路上，朝著同一個目的地前進。希望各位都能以自己的方式享受這趟旅程。

2）《The Theoretical Minimum Quantum Mechanics》，Susskind, Leonard 著，2015 出版。

第 1 講

什麼是數學

什麼是數學？

突然這麼一問，還真的答不出來。該說數學是人類打
造出的某種秩序或體制，以助人類理解這個世界的一門學
問嗎？

這樣子問，當然會答不出來。像「X 是什麼？」這類
問題本身就不好回答。數學看似與體制秩序脫不了關係，
然而，不僅是數學，所有的學問都是人類建構出的體制秩
序。

數學一直和「問題」焦不離孟，孟不離焦。所以，一
般人認為數學就是尋找答案的過程。有問題，有答案，而
數學就是找出合乎邏輯的答案的過程。

大部分的學問都有問題也有答案。來說說物理學的
相關問題吧，舉例來說，原子是怎麼形成的？電磁場是如
何進化的？宇宙為什麼會膨脹？這些問題都要靠某種方法
論才能求出答案。經濟學也是如此。要怎麼才能達到經濟
均衡？政府該投入多少資金才能穩定市場？這些全都是問
題，也有尋找問題的過程。政治學一樣也有自己的問題。

政治學最核心的問題，當屬要怎麼實現安定的社會？哪一種政治體系有助推動社會發展？上述的每一個問題都很粗略，當我們再進一步深思時，我們會發現更細節的問題。

我想表達的意思是，說不定前面提到的「數學是找出合乎邏輯的答案的過程」，其實是我們對數學的偏見。

哲學家們，尤其是承襲伯特蘭·羅素（*Bertrand Russell*）傳統學派的學者們，特別強調「數學就是邏輯學」，但就以下兩種層面來看，這種論點大錯特錯。

第一，「數學絕不僅僅是邏輯學」。所謂的邏輯必定出自於實體，光憑邏輯無法創造實體。傳統學派的學者們主張數學是一單純的邏輯概念，這一點本身就是錯的。世界上也存在著不合邏輯的數學。

把數學整理成合乎邏輯的面貌之前，會歷經許多階段。在整理眾多具體的事例時，需要用到邏輯。數學誕生於邏輯之中的說法，從一開始就應被駁回。

第二種層面是什麼呢？

第二，需要邏輯的不單是數學這一門學問。當然，數學有很多地方都用到了邏輯，可數學裡使用的邏輯和其他學問裡用到的邏輯幾乎差不多。讓我們想想看，有哪一門學問不用邏輯的嗎？沒有。先撇開學問不談，日常生活

中，我們經常需要下判斷，如：「這是對的／是錯的」、「某個主張很合理／不合理」、「 B 從 A 開始，就不一樣」，即使命題不夠清晰明確，可是邏輯潛伏在我們日常生活的思維模式和言語中。

人類沒有邏輯思維，就不可能陳述自己的想法、和他人溝通，但羅素一派的哲學家誤以為數學邏輯有別於日常生活的邏輯。

話雖如此，數學會用到的邏輯和日常說話的邏輯還是不一樣吧？前者的邏輯比較嚴密，不是嗎？

數學上使用的邏輯確實比日常生活中用到的邏輯來得嚴密。不過，可以確定的是，日常生活的邏輯也有好的和壞的邏輯。相較於日常生活的情形，數學使用的邏輯去蕪存菁之後，會留下比較多的好邏輯，但這並不意味數學邏輯和日常生活邏輯不一樣。我在大學教的數學系學生也有很多需要修正的觀念錯誤。

所謂的數學，是不是就是一種複雜的證明，或者是高難度邏輯的概念？

可以算是。我問學生數學證明的定義是什麼，有很多人覺得數學需要動用到特別思維形式，要先掌握某些特別的技術，才能進行數學證明。其實，我花了不少時間說服學生，在數學上，證明不過就是簡單明確的說明命題，雖

然不可避免邏輯存在的好與壞。

但是，有不少數學家堅持數學就是「正確的邏輯」，我反對這種說法。他們主張數學一旦得證，就永恆不變，那不過是他們的幻想。雖然和其他的學問相比，數學確實具備更明快的邏輯。不過，期望人類創造出的東西十全十美、永恆不變，難道不覺得不合理嗎？

然而，我們提起「數學」就會聯想起某些過程。最具代表性的就是「數學是在計算數字的」，所以才會把數學當作是運用「數」的一種特別思維及過程。

就我個人的感受而言，「數學思維」是透過具體的例子，構造出最終的整體框架，並不是界定好特定的框架之後再去學習，同樣的問題會有各式各樣的解法。

如同我所說的，求解會歷經一些數學形式的過程，就算過程不同，它們都有著共通點，運用共通點可導出其他的數學研究範疇。因此，有時候遇到一些新的問題時，不妨試著「用數學方法論求解」吧。所謂的學術領域是透過演繹而成，其中，數學有著久遠的歷史。所以，試著套用數學方法論的意思是，要擺脫原本的數學觀點，嘗試拓展其他學術領域的深度，甚至數學方法論也能應用到文學研究。

雖然數學的定義非常多樣化，應該還是有一個是多數

讓我們來找一找維基百科。我們能看到維基百科是這樣介紹數學的：

> 數學是利用數量、構造、空間與變化等概念的一門學科。現代數學運用了形式邏輯，以研究公理構造的抽象化學科。在公理構造的發展過程中，數學和隸屬於自然科學的物理學等學科，結下密不可分的關係。但是，數學和其他學科的差異在於數學能將大自然裡觀察不到的概念，予以理論化與抽象化。數學家們研究這些概念，給予適切的定義與理論，憑藉嚴謹的演繹，掌握推想的真偽。

整體來說，維基百科解釋得還不錯，只有一個地方錯了。你們知道是哪裡嗎？

是「能將大自然裡觀察不到的概念」這句話嗎？

是的。不僅僅是數學，不管學習什麼，創造出「理論」是理所當然的事。有很多學科理論都不是親自觀察得來的。

舉例來說，在物理學中，夸克是構成物質的最基本粒子，可是很難單純以數學理解這個概念。粒子物理學經常提到「對稱性」，但是，對稱性究竟有沒有實際存在於這

個世界，抑或只是人類的想像？在這一點上，許多哲學家意見分歧。一般來說，個體究竟有沒有實際存在於自然界中，學問鑽研得愈深，愈難斷言。從簡單的觀點來說，眼睛看得到、手摸得到的東西就「存在」於這個世界上，而從學術的觀點來看，沒有多少個體吻合這個條件。「電子」看得到嗎？摸得到嗎？「經濟均衡」實際存在於這個世界上嗎？經濟均衡只是一個抽象的數學概念，可是，大部分的經濟論文的研究目標都在解決經濟均衡議題，主張經濟均衡對社會發展極為重要。還有，「文學」又是什麼？從宏觀的角度看來，「文化」真實存在嗎？或者它只是人類想像出來的一個個體？上述提到的概念其實都相當抽象。

有時候會分不清科學家和數學家的不同。老師是數學家，卻經常會提起量子力學的相關知識。兩者的差異究竟是什麼？

把數學想成是歷史最悠久的現代科學學科就可以了。縝密的科學思維的源頭顯然是發現圓周率計算法，和各種幾何學構造的相互關係，以及數系的精巧本質的時候。阿基米德等古代學者將數學應用在計算浮力的物理學跟研發戰爭武器上。除此之外，巴比倫文明和埃及文明應該也運用了豐富多元的數學。繼而，文藝復興時代將科學體制化的同時，也將眾多科學基礎運用到數學上。17 世紀初，伽利略・伽利萊（*Galileo Galilei*）曾說：

「要想了解宇宙，就得先學習、熟悉宇宙的語言，

那個語言就是數學語言。三角形、圓形、幾何圖形就是數學語言的文字。如果沒有數學語言，我們將無法理解宇宙所使用的詞彙；假若我們不懂數學語言、沒有數學語言的話，我們將於黑暗的路上彷徨四顧。」[1]

伽利略主張唯有透過數學方法，才能理解宇宙，他的主張帶給後世重大的影響。

舉例來說，過去有一段時間，生物學的重點是研究生物類群中的異同，將生物分組歸類，更像是「分類學」。19 世紀，查爾斯·達爾文（*Charles Darwin*）一派的學者被稱為博物學者（*Naturalist*），這一派學者喜好探索自然的分類。但是，達爾文從某一刻開始改途易轍，比起分類自然，他更著迷於探究自然原理，於是他建構了進化論。格雷戈爾·孟德爾（*Gregor Mendel*）利用自由組合定律，說明遺傳基因。到了 20 世紀，羅納德·費雪（*Ronald Fisher*）、休厄爾·賴特（*Sewall Wright*）、J.B.S·霍爾丹（*John Burdon Sanderson Haldane*）等學者採用概率論，致力為進化遺傳理論奠基，被激發了求知慾的學者們思維變得更加縝密，於是多門學科開始採取數學方法。17 世紀，伽利略表示要學習宇宙之前，必須先學習數學，繼而，數學概念在 19 世紀到 20 世紀的物理學中進一步普及化。

1）Marcus du Sautoy, A Brief History of Mathematics, BBC AudiobookAmer, 2012.

　　在 20 世紀無數的學科都產生了變化，其中最具代表
性的當屬經濟學。經濟學源自於社會學和政治學，如今大
部分的經濟學論文中皆充斥著數學概念。數學家約翰・納
什（*John Nash*）、羅伯特・奧曼（*Robert Aumann*）、勞
埃德・沙普利（*Lloyd Shapley*）都榮獲諾貝爾經濟學獎。
約翰・梅納德・凱因斯（*John Maynard Keynes*）可以算是
20 世紀最重要的經濟學家之一吧？他不只是數學系的學
生，他最有名的著作之一《概率論》也表明了數學對他的
重要性。

　　直觀上好像可以理解什麼是「數學方法」。即便如此，
我們仍舊很難回答什麼是數學。

　　數學也結合了人文學。舉例來說，可以把數學想成
是人類學者克勞德・李維史陀（*Claude Levi-Strauss*）強
調的「結構主義」。被譽為結構主義教父的克勞德・李維
史陀，利用結構思維，將整個人類社會分類。然而，即
便是不同的社會，卻有可能有類似的結構。他把這套論
點套用至社會結構、語言及神話，並且在 1977 年加拿大
國營電台節目中提及的書籍《神話與意義》（*Myth and
Meaning*），就簡扼介紹了結構主義的概念及應用。這本
書以結構主義的觀點，特別以「神話式的說明」闡述宇宙
相關一切，然後，再與科學式的說明做對比。簡單來說，
韓國神話和希臘神話、美國原住民神話全然不同。可是，
就根本而言，它們都有相似之處。當然，假使要深究下去，
事情將變得非常複雜。總之，克勞德・李維史陀解釋各種

神話故事都能找出它們之間相似的對應關係，各位現在只需要直觀理解這句話就夠了。

大家有發現理解這句話所用到的直觀中就藏著數學思維嗎？要掌握多樣化現象的相似性，或多或少都需要用到抽象思維，我們必須靠結構主義概念，才有可能給籠統的抽象思維下一個明確定義。尚・皮亞傑（*Jean Piaget*）等學者寫過的結構主義相關入門書籍，書裡最常提到的內容是什麼呢？正是數學。也就是說，我們必須先理解結構、數系和群論等各種數學概念，才能解釋什麼是結構與結構相關概念。下面是克勞德・李維史陀在著作《神話與意義》裡，對於結構主義的意義的簡單說明：

> 「人們有時會誤以爲這（結構主義）是一種新潮的思想，其實這是雙重謬誤。首先，早在文藝復興時代，人文學科就已經出現了許多結構主義相關理論；其次，最大的謬誤就是，自然學科從很久以前就在使用現代語言學或人類學中，被稱爲結構主義的方法論。」

這段文字裡提到的自然學科的方法論，指的就是數學方法。他的理念和伽利略說的「用數學方法實現技術」不謀而合。這樣看來，數學就是利用抽象概念的工具，得以整頓世界體系，進而給出縝密的說明。

第 2 講

改變歷史的三大數學發現

我們現在好像慢慢了解數學概念，也知道怎麼用數學方法領略這個世界，不過我想問一個問題：「數學的理論這麼多，哪些理論算是數學史上、具有劃時代意義的理論？」老師能不能具體說明，現今我們所擁有的基本常識中，有哪些包含了數學思維？

　　在回答這個問題之前，務必注意一件事：數學有很多種分類方式，有的是按照時代分類，有的是按照區域分類。舉例來說，數學中，不僅有希臘數學，也有印度數學，還有阿拉伯數學。從古至今，數學與時俱進，阿拉伯數學也對數學的發展演變造成了深遠的影響。我們現在採用的 60 分鐘制、60 秒制都源自於巴比倫數學，即不同時代、不同的文化圈中的數學，皆持續影響著我們。因此，要鳥瞰整個數學史的全景困難重重。不管怎麼說，我身為一名數學家，懂的絕對不會比歷史學家多，我只能盡可能地將過去數學與現代數學進行對照，告訴各位我所知道的。

　　數學在 17 世紀迎來了飛躍式的進展，當時被稱為科學革命的時代。科學革命改變了人們的思考方式，就像前面我說的一樣，可以發現很多「科學數學化」的現象，其中最具代表性的是費馬原理（*Fermat principle*）。

費馬原理是關於光折射的有趣理論。假使有水和空氣兩種介質，水上方有一點，稱之為 A 點（肉眼）；水底有一點，稱之為 B 點（沉在水底的銅板），這時連接兩點的光線的行進路徑會是怎樣的呢？

我們已經知道答案了。由於空氣中的光線碰到水，發生彎折，不會以一直線前進。我們肉眼所見的銅板落點，和實際上水底的銅板不是同一個點。

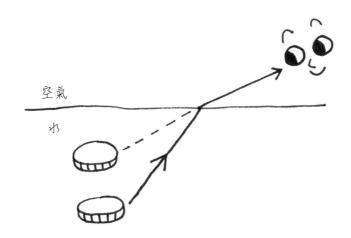

沒錯。玻璃水杯裡插著的吸管看似彎彎曲曲，但只是看起來如此而已。假使肉眼的落點是 A 點，銅板掉入水底的地方是 B 點，透過肉眼看到銅板掉下的地方卻不是 B 點，而是會落在 B 點的上方。這是因為光從光源出發之後，從空氣碰到了不同的介質——水，光線不是呈一直線前進，在到達水面時，會改變行進路徑。然而，人眼聚焦

在水底的銅板上，會假定光線走的是直線路徑，從而人眼對銅板真正的位置判斷錯誤。會發生這種現象，都是由於光的折射。

費馬的第一原理就是在解釋這個現象。這在當時勾起了許多人的興趣，竭力地提出各種理論，想解釋這種現象的起因。有名的哲學家勒內・笛卡兒（*René Descartes*）也探討過這個問題。在諸多學者中，皮埃爾・德・費馬（*Pierre de Fermat*）的答案極具說服力，縱使對活在現代的我們也能成立。費馬推導光從一點到另一點一定會沿著最快的路徑，即，「光會採取最省時的路徑」。

普遍會說「光會採取最短路徑」，可這是不正確的表達。光採取的是最短時間，而不是最短路徑。

你們說的沒錯。不過，光線在水中，和光線在空氣中的速度為什麼會不一樣？這是因為水的密度更「濃」。雖然用「濃」來形容有些奇怪，不過從直觀上很好理解。這句話的意思是，光線在通過水的時候進行的相互作用，遠大於光線通過空氣的時候。相互作用大，移動速度就會變慢。以此類推，光線通過不同的物質時，光線的速度也會不同，而光線為了節省移動時間，會創造新的路徑，讓速度變慢的自己快速通過水中。

那麼，光線會以最快的速度行進的時候，難道不是光線在水底與水表面呈直角反射的時候嗎？雖然有人這樣

想，不過這樣一來，全體的路徑就會變長。意思是，雖然光線走一直線不彎曲，能縮短整體路徑，可是在水裡停留的時間卻會變長。應在各種條件限制之下，尋求出最短路徑才對。

不管是「最省時」，或是尋找「最短路徑」，這些形容方式好像都是數學式表達。

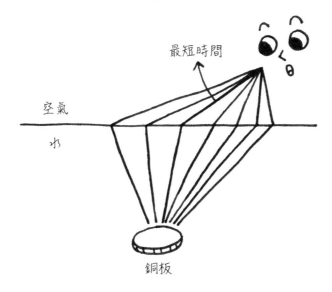

這就是數學思維。我們現在沒在算數學，卻正在進行數學式的思考，所以我才說這是一個有趣的原理。我重述一次，費馬原理的最短時間，指的是光線在選擇行進路徑時，會選最省時的路徑。最短路徑或是最省時路徑的表達方式，看起來非常相似，實際上根據不同的情形，還是有些分別。

幾個世紀過去，費馬原理對科學發展產生了極為深遠的影響。由於萊昂哈德·歐拉（*Leonhard Euler*）、皮埃爾·路易·莫佩爾蒂（*Pierre Louis Moreau de Maupertuis*）、約瑟夫·拉格朗日（*Joseph Louis Lagrange*）、威廉·哈密頓（*William Hamilton*）等學者相繼發展出《最小作用原理》（*least action principle*）及《哈密頓原理》（*Hamilton's principle*），應用領域大幅拓展，讓費馬提出的《最小化原理》變得更加普及，進化成幾乎所有的物理派系的基礎原理。從所有個體的相互作用到電磁場的帶電粒子都深受費馬原理的影響，甚至 20 世紀的愛因斯坦重力方程式也運用了這個原理。費馬原理成為了抽象化的普及原理。現代科學、粒子物理學等各種領域更是廣泛使用了這個原理。歷史上許許多多的運動定律的活躍時間點是在費馬原理誕生之後。

　　大家自然而然地接受了費馬原理，但與此同時，也產生了許多疑問。有哪些疑問呢？

　　前面老師提到「相互作用」，但是為什麼光線遇到不同的介質時，就會改變速度？究竟變化多大？我們覺得可能是類似這種疑問吧？

　　這個問題很不錯。費馬主張光線在不同介質中的傳播速度不同，為什麼他會這樣說？要做出具體的回答，會有點複雜。

　　不過，我們多多少少可以透過直觀理解這個問題，比如說，比起走在空氣中，我們走在水中需要更多的力氣，會不由自主地放慢行走的速度。如果要回答為什麼速度會隨著周遭環境的改變而改變，需要非常縝密的理論。其實，我們需要靠 20 世紀發展出的量子力學才能具體回答這個問題。

　　但是，縱使不扯到困難的理論，我們只要理解光會和周遭介質「碰撞」，就能大概掌握到答案。在現代物理學的普遍認知中，光碰撞空氣的時候和碰撞水的情況本來就不一樣，比較難懂的是，為什麼說光是由粒子所構成。說真的，我們很難具體說明「光是什麼？」，畢竟人類花了好幾個世紀才解開這個問題。不過，只要先接受光是由粒子所構成的事實，那麼就能進一步理解，光線遇到空氣、水以及真空狀態等不同的介質時，會用不同的速度行進。

　　原來如此。大概是因為我們摸不到光，所以才搞不懂吧。如果說粒子構成了光，而且會與空氣、水和其他介質碰撞，那我們用手不是應該能摸得到它嗎？

　　你們會這樣想也是有道理的。大家應該都認為光是「非物質實體」吧，但是，大家現在能看見這張書桌，正是因為光和書桌「碰撞」。大家覺得什麼時候用手摸得到光？

我們一直都摸得到光，但好像只有透過手的溫度才能確實感受到光的存在。因為陽光照射在手掌上，手掌就會不知不覺變熱。

手會覺得熱，是因為光粒子和手產生「碰撞」。儘管肉眼看不到，不過光和其他介質一樣，都擁有粒子性。當光碰到不同的介質就會生成碰撞現象，比如說，鏡子會反射大量的光；這張書桌則是吸收了部分的光，也散射了部分的光，還有部分的光被書桌反射，可以看到紅色的光；光線碰到水或空氣，穿射的時候變厚，於是逐漸生成碰撞現象。大家覺得我們在什麼時候能用肉眼目睹光與介質的碰撞現象？

當我們看到藍色的天空和藍色的大海的時候。

沒錯。只要想一想看到藍天大海的時候，就能直觀了解光線與介質──水和空氣的碰撞。

話說到這裡，讓我們探討一個根本問題。依據費馬原理的「光線會選擇最短時間的路徑」，想像一下，假使有小孩掉入了大海，而小孩的父親正站在沙灘上：

　　弔詭的是，想救小孩的父親不能跑一直線過去，因為跑一直線的話，小孩會待在海裡更久。所以最好的狀況是增加父親在沙灘的行進路徑，以縮短他在海裡的時間，畢竟在沙子上跑，絕對比在海裡游來得快。這種情況反映了費馬原理。通常我們遇到這種情況，我們往往喜歡用直覺下判斷：「我要這樣走才能最快抵達目的地」。不過，大家有沒有覺得哪裡奇怪？把這種說明套在光線身上。

　　光線不是人，無法進行判斷，說光線會「判斷」，的確很奇怪。

　　這就是問題的關鍵所在。光線如何下判斷？事實上，光線早就「知道」從哪裡到哪裡是最短距離。光線是怎麼

「知道」的？我們可以用哲學詞彙 *Telos* 來解釋。*Telos* 的意思是最終目的、本質。

　　「光線為了找出最短時間路徑，會走那條路。」這種說法就如同光線本身具有 *Telos* ——「目的性」。

　　你們是不是覺得這種解釋不太科學？事實上，現代科學認為科學化的解釋不應該賦予任何目的性，這種解釋「不夠科學」，使其遭到現代科學的全盤否定。《形上學》運用了目的論，相反的，科學否定了目的論。因此，形上學和科學互相牴觸。我建議大家可以從英文著眼觀察，會更認識兩者之間的糾葛。

　　物理學的英文是 *Physics*，形上學的英文是 *Meta-physics*，源自希臘語，在物理一詞之後，加上了前贅詞 *Meta*，意即「之上～」、「超～」，*Meta-physics* 要是直譯的話就是「原始物理學」。光看這個詞彙就能感受到這兩門學科難解的糾葛吧？費馬原理也是如此，儘管到那時為止，所有人都把費馬原理奉為圭臬，但之後的科學家們摒棄了目的論，努力尋找新的解釋方法。在這種情形下，目的論與不使用目的論的論點出現了明顯的分歧。

　　費馬原理在 *1662* 年透過書信首度公諸於世。不過科學家們花了 *16* 年的時間，也就是到了 *1678* 年，才找出摒棄目的論也能解釋費馬原理的方式。

　　惠更斯原理（*Huygens' principle*）用另一個觀點解答了這個問題。惠更斯原理是研究光擴散方向的一種分析方法。如果打開房裡的電燈，光線會向四面八方擴散，使房間變得更加明亮，光線不會只朝一個方向行進。此外，惠更斯原理添加了新的假定，假設光從原始波源擴散所到達的地方，都可以看成是新的波源，而這些波源又會衍生新的光，各自依原方向行進。

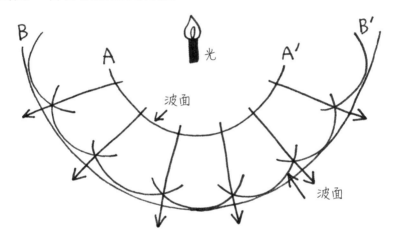

　　無論任何時候，只要光到達的地方都會產生新的波源，稱之為波面，可以視為光行進方向的前線。根據惠更斯原理，在前線的光會不停地創造新波面，一再衍生新的光，就像前人所提出的理論一樣，光碰到不同的物質，速度也會不同，利用波面在水裡的速度慢於空氣可說明光的折射現象。用數學觀點，即使光向四面八方擴散，人們也看不見光以最短路徑前進，是因為全部的光都在波面相互抵消掉了。

用這個原理就能說明為什麼肉眼看到水杯中的吸管會彎曲。由於波面的關係,光在水和空氣裡以不同的速度,向四面八方傳開,在遇到波面的光相互抵消之後,剩下的光才會抵達肉眼,是這個意思對嗎?因為惠更斯原理摒除了目的論,因為不帶有目的,所以它的解釋比費馬原理的解釋更科學。

你們理解得沒錯。惠更斯原理假設光線無目的性,不管從哪一個光源出發,都會擴散。惠更斯原理的解釋確實更接近現代,也更接近科學。費馬和惠更斯用各自的方式解讀同一現象。惠更斯原理未發展出光粒子的概念,僅解釋了波面的衍生。雖說惠更斯原理的結構不夠精準,但在某種程度上,惠更斯在建構理論的過程中,假定光碰到空氣,和光碰到水的行進速度有一定的比例,這一點符合了建構新理論時的一貫性原則。

即使是這樣,想進一步算出精確數據,就得動用到數學方程式。雖說數學和算數學不能畫上等號,不過為了能準確分析,有很多時候還是得算數學。比方說,想求出符合費馬原理的最短時間路徑,就得計算。然而,關鍵是「該算什麼?」,我再三強調,決定什麼是有意義的計算過程,正是數學的核心。

接下來要聊的第二個發明是什麼呢？

是艾薩克・牛頓（*Isac Newton*）的著作《自然哲學的數學原理》（*Philosophiae Naturalis Principia Mathematica*），一般簡稱《原理》。我想把這本 17 世紀的作品當成第二個重要發明介紹給大家。這本書收錄了有名的牛頓運動定律、重力定律、以及較傾向數學理論的微分和積分，正因如此，這本書擔任了歷史上的數學重大發現的橋樑。它不單揭示了數學與物理學運用的科學方法，也透過休謨（*Hume*）和康德（*Kant*）給啟蒙主義的哲學世界觀帶來了深刻影響，堪稱奠定現代思想基石的重要著作。

為什麼我認為這本書是劃時代巨作呢？首先，我要說明牛頓運動定律。

任何物體受到外力影響就會移動。

這句話我有說錯的地方。我哪裡說錯了？

有些物體就算受到外力影響也不會移動？但是好像沒有完全不會動的物體，哪怕只有些許的晃動，也算是動了吧。

「任何物品受到外力影響就會移動」，這句話錯的地方正牽扯到牛頓的重要論點。事實上，要說明這句話錯在

哪裡非常麻煩，會牽扯到直觀思考，以及一些大家覺得理所當然的觀念。

　　牛頓運動定律在當時是很大的突破，也是跨時代的發現。我們來做個實驗吧，我從這邊把筆滾過去，請你們從另一邊抓住這枝筆。如果各位抓住這枝筆，筆是不是就停下了？大家想想看，筆會停止的理由是？

　　因為受到外力作用。啊，物體受到外力影響，可能移動，但也可能靜止。原本在運動的物體，不施加外力就不會靜止，反而會持續保持運動狀態。所以說，物體受到外力作用就會「移動」，是這個地方錯了嗎？

　　你們說對了。雖然要使靜止的物體移動需要外力，可是本來就在運動的物體，若不施加外力就會一直維持運動狀態，但是，就算我們不用手抓住這支筆，筆也會慢慢靜止，是因為受到摩擦力的關係。牛頓精準地表達了他的論點。他說的不是「物品受到外力作用就會加速」，而是「會改變速度」，牛頓運動定律的定義就是「物品受到外力作用就會被迫改變其狀態」。

　　好像在解謎呀。改變速度的說法我們以前學過，叫做「加速度」。

剛才提到的牛頓運動定律如下所述：

（A）當物體受到外力作用時，會產生加速度。

牛頓提出了新觀念。「改變速度」變成了「產生加速度」，對嗎？這就是前面提過的「抽象化」過程。加速度實際存在嗎？「改變速度」有了加速度的概念，可是，如果不先接納加速度存在的這個假定，就沒辦法建構出牛頓運動定律。由此可知，牛頓把直觀假定與新概念結合，一步一步縝密推導出運動定律，使其更加實用。

我們進入下一個階段吧？一旦物體受到外力作用，加速度會發生什麼變化呢？速度會加快吧？從上面的定律（A）開始，我們把它予以定量化如下：

（B）施加於物體的外力改變，加速度也會改變。外力愈大，加速度也愈大。

不過，依據定律（B）的説法，會出現另一個問題，那就是到底速度「會增加多少」？我們知道加速度與外力依存，問題在於，加速度和外力的依存關係有多密切？就像這樣，有新疑問產生，進一步完善了定律。

（C）加速度和外力成比例。

接著，我們可以更進一步把「成比例」以方程式表達：

$$a=cF$$

在這個方程式中，a 代表加速度，F 代表外力大小，c 則是不依存於外力或加速度的常數。假使外力增為兩倍，那麼加速度也會變成兩倍。反之亦然，假使外力減少一半，那麼加速度也會減少一半。大家不好奇為什麼要有常數 c 嗎？要是把方程式寫成 $a=F$，如此一來，加速度和外力就會相等。這與先前說的加速度與外力成比例有出入。試想，我用一樣的力道推椅子和推大桌子，兩者的移動路線會一樣嗎？

椅子會倒，但桌子幾乎不會移動。

所以說，使用一樣的力道卻生成了不同的加速度，對吧？這正是常數 c 存在的意義。由此可知，施加相同的外力推物體的時候，小的物體會產生更大的加速度。常數 c 是物體變率。如果對某物體施加的外力和加速度的情況下，會出現物體質量變 c，c 是不固定的，會隨著不同的情況改變。在 $a=cF$ 的方程式中，假設外力 F 固定，而物體小，則 a 就會變大，c 也會隨之變大。牛頓用 m 代表物體大小，提出了 $c=\dfrac{1}{m}$，由此就能看出，物體愈小，c 就會愈大，就這樣推導下去，牛頓的運動定律便能寫成

$a= \dfrac{1}{m} F$。而最常見的寫法是：

$$F=ma$$

我們學過這個方程式。老師說 m 是代表物體大小，但是我們學的 m 是質量。當初學的時候並不清楚原理，只是死背罷了。

你們沒記錯，m 就是質量，物體的大小和密度都會左右一個物體的質量。為了簡單說明，我用大小來表示，但我口中的大小是帶有「絕對性意義」的大小，其中也包含了密度，基於這種意義下的大小就是質量。

在牛頓第一次說明質量的時候，表示「當物體受到外力作用時，會產生加速度。加速度和外力成比例。」就像前面舉的例子，用一樣的力道去推椅子和桌子，由於物體質量不同，產生了不同的加速度。桌子的質量比椅子大得多吧？質量大，加速度就小；質量小，加速度就大。牛頓用方程式 $m= \dfrac{1}{c}$「定義」了質量，要有抽象思維才要理解這個方程式，大家目前聽著就好。讓我們想想另一個問題，如果我對地球施加外力會發生什麼事？

因為地球的質量非常巨大，加速度顯著減小，地球會一動也不動。

牛頓的運動定律正是在説明這個原理，也同時説明了牛頓第三運動定律——作用與反作用定律。當物體受某一邊外力作用時，另一邊必產生大小相同的反作用力。舉例來説，我從這邊推椅子，看起來是我單方面施力，但根據牛頓的主張，其實椅子同時也在回推我，以此類推，就能了解地球和我的關係，假使我就像個排球選手一樣垂直躍向半空，那麼地面也會對我施加相同的力道，這就是地球的作用力。我對地球施加作用力，地球必給予我大小相同的反作用力，由於施加了一定的外力，多多少少會產生加速度。然而，根據方程式 $a = \frac{1}{m}F$，地球的巨大質量會導致加速度小到難以察覺，相對於地球，我只是一個質量 m 非常小的物體。

　　接著，我們再進一步探索純粹數學本身。「微分」和「積分」的發明正是牛頓靠加速度給出的新概念。微分是用數學思維準確描述加速度的變化，速度的微分會得到加速度。

　　那麼積分的概念又是什麼呢？

　　積分則和重力法則有著密不可分的關係。兩物體之間的重力大小如何計算，是一個困擾牛頓的問題，煩惱到最後，牛頓發現了積分和重力法則的關係。

　　質量愈大，重力（g）愈大；距離愈大，重力（g）愈小。

現在說的重力法則是不是萬有引力法則？

是的，重力法則就是萬有引力法則。透過萬有引力法則，能更縝密地解釋月亮等衛星和彗星為什麼會進行橢圓運動。下面我們來看看牛頓完善重力法則的過程。

M 和 m 分別代表兩物體的質量，r 代表兩物體之間的距離。這麼一來，兩物體相互吸引的作用力，即萬有引力的大小是多少？假設質量 M 和 m 增加，重力 F 也會增加；而距離 r 增加，F 相對減少。用兩個簡單的數學方程式來表達上述原理，方程式如下：

$$（1）F= \frac{mM}{r} \qquad （2）F=M+m\text{-}r$$

大家覺得哪一個方程式能更清楚表達出原理呢？從這裡開始，我們很難光憑數學方程式理解原理，還需要進行相關的物理試驗。當遇到實際執行上有難度的實驗，物理學家們會在直觀與經驗的基礎上，設計「思考實驗」，我們也試著做看看：

假設 M 是地球質量，我們把質量 m 增加或減少。假使質量 m 增加為兩倍，那麼重力作用力會變怎樣？就算不知道質量的數值，我們也能直觀理解這句話。接著，要是兩物體質量相同，質量增加兩倍這句話，等同於體積增加兩倍的意思，大家可以想成是一公升的水增為兩公升，此時重力 F 會變怎樣？

重力也會增加兩倍。另外，因為 M 增加兩倍時，重量也跟著增加兩倍，所以方程式 $F= \frac{mM}{r}$ 更精確。

就是這樣沒錯，這就是前面說過的「成比例」。上述兩個方程式中，第一個方程式 $F= \frac{mM}{r}$ 更符合 F 和 m 成比例的條件。在這個方程式裡，固定 m 的數值，M 增加兩倍的話，F 也會成正比增加。如前所述，這滿足了牛頓運動定律的作用與反作用力法則，即，我推地球的同時，地球也用相同的力道反推我。

緊接著，我們進一步利用數學概念表現萬有引力法則。在此有件事得列入考慮。那就是距離 r 扮演的角色。依據方程式 $F= \frac{mM}{r}$，當距離增為兩倍，重力會有何改變？

當 r 變成兩倍的時候，$F= \frac{mM}{r}$，因此重力會減半。

沒錯。假設地球半徑約為 $6400km$，現在的我們距離地球中心 $6400km$。如果我們搭乘火箭升空，遠離地球中心 $12800km$，我們的體重會變多少？套用這個方程式，我們的體重應該會減半才對，但真的是這樣嗎？

我們無法得知。

儘管這種提問和日常生活經驗相距甚遠，要實際進行實驗有難度，更遑論在牛頓的年代要進行這種實驗更是天方夜譚，可卻有進行實驗的必要。因此，牛頓發揮了各式

各樣奇思妙想，進行了實驗，從而確立萬有引力法則。

$$F = \frac{mM}{r}$$

在此，我不進行詳細說明，各位只需了解這和計算球體表面積的方程式 $4\pi r^2$ 一樣，分母裡的 r 是半徑，r^2 是半徑平方。通常在方程式前會加一個常數 G，如下：

$$F = G \times \frac{mM}{r^2}$$

$\frac{mM}{r^2}$ 只是重力的概略值，主要表達「比例」。老是講到比例，是因為任何的量經過推導之後，得有「單位」才能將其轉換成數字。比如說，有一個計算重量的方程式，單位為公斤（kg），那麼我們當然不可能把這個方程式直接套用到計量單位是公克（g）的問題上。再說，在建構方程式時，幾乎不可能強制決定基本單位。既然如此，我們只能用「比例」來表現數學方程式概念，而常數 G 會隨使用單位不同而異。

無論常數 G 是多少，重力都會和距離的平方成反比。一旦了解這個意思，就能建構出更精準的方程式。

是的。此後還需經過精密的實驗，才能確證方程式是否正確。雖說在牛頓之後，科學不斷發展，終於能經由實際實驗推論證明，可是當時的牛頓只能稱之為「假說」。

即便如此，還是有許多科學理論透過這種方式，有了新的發展。有人先以縝密、直觀的思維，推導出可能的理論，接著結合多次實驗和思考實驗的結果，建立假說框架，再由後來的人接手往下發展，確保其假說是正確的。更重要的是，人們懂得在經過縝密的實驗之前，先提出假說，再由觀測得到比過去更準確的解釋，就像人們早知道行星會在軌道上運行，而後經由重力法則的假說，有了更詳盡的解答一樣。

那過去怎麼解釋行星運動？

最重要的行星運動學說就是克卜勒三大行星運動定律。要說的東西很多，我們長話短說，克卜勒最廣為人知的就是把太陽系天體繞太陽的軌跡，分為橢圓、拋物線和雙曲線三種，以及行星繞太陽公轉的週期定律，提出了克卜勒三大定律。方程式如下所示：

$$週期^2 \div 距離^3$$

同樣的方程式也能套用在每一顆行星上。大家不妨研究看看這個方程式，很有意思。從網路上找到水星、金星、地球、火星和木星等各大行星的資料數據，再利用上面的方程式，計算看看，結果大同小異。約翰尼斯·克卜勒（Johannes Kepler）的老師第谷·布拉赫（Tycho Brahe）分析了觀測數據後推導出這個法則，非常古典的科學方式，是吧？沒有電腦和計算機的幫助，全憑耐心運算和縝

密分析，發現了這個驚人的模式。這個方程式是人類偉大的歷史功績之一。

在克卜勒提出三大行星運動定律後，牛頓以數學論證了他的定律，更精確地說，牛頓以克卜勒的定律為假說，將重力的影響套用到天體上，結合微積分，成功推導出克卜勒定律。能以理論說明神祕的自然現象就是一個劃時代的成就，而這些努力為後世樹立了良好的典範。

老師之前說明了重力法則的來龍去脈，不過我們還有一個疑問，為什麼重力法則需要用到積分？

科學家嘗試推導地球和月亮之間有多強的作用力，但是，就算使用萬有引力法則，也很難推定出答案。你們知道為什麼嗎？

因為很難測量出地球和月球的距離，兩者都是球體，從哪一點開始算是月球表面，又從哪一點開始算是地球表面。標準不一樣，測出的距離就會不一樣。方向和重力也是一樣的道理。

沒錯。地球和月球表面散布無窮的連續點，故而得加總所有點的重力才行，是吧？因為兩邊的力道必須一致。而「連續」和「加總」正是積分的概念。

接下來，把重力方程式、作用力方程式、運動定律，

這些方程式都列入考量，進行積分，最後只需推導出月球中心到地球中心的距離就可以了。大家有沒有發現上面已經使用過這個假說？現在大家看似理所當然的方程式，當初其實並非如此。如果不先確定「距離該從哪裡算到哪裡」，就無法推導出地球和月球的重力定律，因此，人類自然地創造出了積分。

除了我粗略說明的這些理論之外，牛頓的著作《自然哲學的數學原理》（*Principia*）還有其他有意思的內容。牛頓的著作之所以格外引人注目，是因為書裡全是定義、定律、補充定律、證明、定義、定律、補充定律、證明……就像一本數學專業書籍。相較於近期出版的物理相關書籍，牛頓的寫作方式更傾向於數式寫作，十分有意思。在 17 世紀，他會選擇這種寫法的原因很多，其中最關鍵的原因就是，17 世紀仍處於文藝復興時期，文藝復興時期強調重新學習、承接及重塑古文明，並以此為基礎，逐步開展及完善學說、文化。歐幾里得（*Euclid*）的《幾何原本》（*The elements of Geometris*）紀錄了當時如何從建立科學觀點，到有條不紊地推導出整個數學系統，對後世產生了巨大的影響。

歐幾里得是那位總是與畢達哥拉斯（*Pythagoras*）綁在一起的希臘數學家嗎？

是的，歐幾里得幾何學是第一個導入「公理」概念的學說。我希望大家熟記「公理」這個詞，公理的思考邏輯

系統就是「以沒有經過證明，但無須證明的既定事實為基礎，論證其他的理論。如果不能接受公理，就無法推導出後面的內容。唯有接受公理才能得出結論。」歐幾里得透過《幾何原本》一書，確立了五個公理，接著他利用這五個公理，推導出結論，強烈影響了當時的西方世界。

歐幾里得帶給西方世界的具體影響是什麼？

歐幾里得打造出不同於過往的科學領域的直觀科學和公理化系統，牛頓「學說系統倚仗科學理論」的想法似乎就來自歐幾里得，也因此，牛頓效仿歐幾里得，寫下《自然哲學的數學原理》一書。雖然現下我們能用函數或是微積分等各種不同的觀點解釋這本書裡論證的理論，但在當時，牛頓寫下這本書的時候，選擇用幾何學方式證明自己的理論，這本書充分展示了歐幾里得對牛頓的影響。

且不管牛頓的書揭示了多少重大發現和定律，這本書也有令人費解的部分。這一點和費馬原理並無二致，大家猜得出來是哪一個地方嗎？不妨想一想太陽和月亮的關係，應該就可以約略猜到了，這個問題非常簡單。

雖然費馬原理揭示了光會走最短路徑的事實，但是很難說明原因。對於牛頓的萬有引力法則來說也是同樣的情況，迄今為止，還是不好說明為什麼月亮和地球會互推，以及為什麼它們會互相作用。

你們猜對了，「為什麼會互推？」是一個非常關鍵的問題。人生在世會產生林林總總的疑惑，但是更多時候，我們回答不出自己尋找的是哪一類答案。比如求解 x 的時候，可能會求出滿意的答案，也有可能導出不滿意的答案，但像牛頓這種狀況，我們自己都不清楚什麼答案能讓我們滿意，因此在科學的發展過程中，架構「滿足需求的答案框架」是很重要的事。

老師剛才說的是「滿足需求的」答案，而不是「正確的」答案。這是什麼意思呢？

「滿足需求的答案框架」（*satisfactory framework for finding the answer*）在日常生活中，有許多提問都是以這種形式呈現。舉例來說，我問大家人生的意義是什麼？最初大家都不知道答案吧？這類問題，比「無從得知答案」的問題更難回答，因為答案不僅是不知道，甚至會搞不清楚自己要的是哪一種答案。

如果我們想過幸福的人生，更具體的問法會是「要怎樣做才會幸福？」雖然我們還是不知道問題的答案是什麼，但卻能提出更具體的問題，像是反問自己：「什麼東西能讓我們感到幸福？」如此一來，我們是不是大略可以知道自己想要哪一類的答案？比起什麼東西能讓我們感到幸福，「人生的意義是什麼？」是一個高難度問題，因為我們不僅不知道答案，也不知道心中想要的答案到底是什麼。

在我看來，牛頓的理論一開始的情況大體相同。雖然知道想找出什麼樣的答案，但是不清楚答案是什麼，也沒有足以表現答案的框架。牛頓同時碰上了兩種不同的難關。

儘管相較過去，牛頓給出了對於「兩顆行星為什麼會相互作用」較為滿意的答案，但是這個問題還沒完全解決，一直到 220 年後，愛因斯坦繼牛頓之後提出了新的答案，關於月亮和地球「為什麼會互推」，提出更具體的疑問。愈是難解的問題，愈需要詳細的提問。

在此有必要再多聊一點。我們來做一個簡單的實驗：我從這一頭推書桌，坐在書桌另一頭的人應該能感覺得到，對吧？相反的，坐在這頭的我是否也能馬上感覺到另一頭的人的動作？

老師應該能感覺到書桌在動吧。因為書桌變成受力媒介，能傳達作用力。

沒錯。牛頓定律不可或缺的重要部分之一，就是「作用力如何傳達？」這個問題和先前提及的科學目的論，即，*Telos* 問題，大同小異。我再強調一次，解決不了「作用力如何傳達？」的問題，是由於書桌另一頭的人「提前知道」我在這邊推書桌，產生了作用力。同理可證，地球和月亮必須提前知道彼此的存在，才說得通為什麼兩者會互相作用，不是嗎？

推書桌的時候，因為有書桌當媒介，另一邊才感覺得到作用力。也就是説，地球和月亮之間得有媒介才行，但實際上，兩者之間沒有能傳達重力的媒介。這麼説來，宇宙由物體構成的學説也出自這裡嗎？

大致是這樣沒錯。若沒有能傳達重力的物質，那重力是如何被傳遞的呢？從宇宙延伸到了所有空間都是由物質所構成的新觀點出現，指出假如空間本身不是物質的話，就很難説明所有的事情。大約在 200 多年後，愛因斯坦才下了結論，説明是物質創造了空間。在愛因斯坦出現之前，人們的問題是「作用力如何傳遞？為什麼會傳遞？」，直到愛因斯坦出現，抽象的問題才變得具體：「透過什麼傳遞了作用力？」此外，愛因斯坦也主張重力傳遞時會出現時間差。

一連串科學領域的重要進展用這種方式誕生了。在科學裡，不只要尋求答案，答案不足的部分也非常重要，因為找出明確的答案固然要緊，但另一方面來説，導出新問題，一步步找出解決棘手問題的線索的過程也相當重要。

換句話説，在找到答案之前，透過「答案欠缺的部分」，我們才得以找出線索，並同時建構複雜的理論與思想模式。牛頓的《自然哲學的數學原理》有極其強烈的這種傾向，他擷取前人智慧結晶，用歐幾里得等科學家的傳統理論，解決了很多當時的問題。不僅如此，他還修正了思想框架，提出了更多新難題，給了後世非常大的影響。

如果當初沒有「地球和月亮為什麼會互推？」的提問，就找不出「地球和月亮是怎麼互推的？」的回答，更談不上發現「重力會馬上傳遞嗎？」這問題的答案了。

在漫長的歲月裡，許多人奉獻了畢生的精力，透過概念和試驗，使數學的重大難題在幾個世紀之後得到解決。想到這裡，就覺得意義重大。

比起前面提的兩個發現，17 世紀的第三個發現需要更多的耐心。第一次閱讀的時候，勸各位只要讀過就好。真要深究，只需回顧高中基礎數學，就沒那麼困難了。另外，在閱讀的時候，如果碰到晦澀難懂的字眼，大略看過去就好，或者是乾脆跳過不看，之後再精讀。我都是用這種方法看數學論文。

聽到老師說自己是大概看過，真的是非常安慰。

17 世紀的第三個發現，和與費馬同一時期活躍的笛卡兒（Descartes）有關。大家都聽過的笛卡兒名言「我思故我在」，這句話出自於《談談方法》（Diecours de la méthode）。不過，有人知道這本書有三篇特別附錄嗎？其中一篇附錄可說是奠定了現代數學的基石。

笛卡兒在內文裡談到很多今時今日我們引用的哲學，而附錄中的內容更加深入，只不過現代科學家使用的是另一種形式語言，要理解這本書的內容，是一件不容易的事。

三篇附錄之一，幾何學中提出的座標系統，給科學史的發展帶來很大的影響。為了說明平面上的點，畫出了相互垂直的 X 軸與 Y 軸，用數對表示點與兩軸的距離。假設現在有一個點，叫做 P。P 點的座標，如下所示：

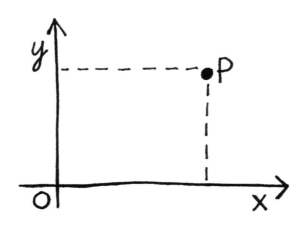

$P=(x, y)$

大家都很熟悉座標系的數學表示法吧？笛卡兒正是座標系的創始人，並使用代數方法表達幾何學，也就是以語言清楚地傳達數學概念也源自座標系。所以說，座標系是人類的歷史和數學史的重要里程碑，雖然同一時期的費馬也提出了座標概念，可是後世受到笛卡兒的影響更大。

座標系在那時候是非常了不起的發現，可是現在的國中就已經在教座標了。我們很好奇，在座標系尚未發明的時候，人們用什麼方式表達幾何概念？

　　大家還記得高中時學過的橢圓方程式嗎？就是下面這個方程式：

$$\frac{x^2}{a^2} + \frac{y^2}{b^2} = 1$$

　　把滿足這個方程式的座標 x 和 y 的點連起來，會形成一個橢圓形。不過，在笛卡兒和費馬提出座標系之前，幾何學用的不是這種表現法，而是把橢圓形定義為「以傾斜的方式裁剪一個圓錐時出現的曲線」。

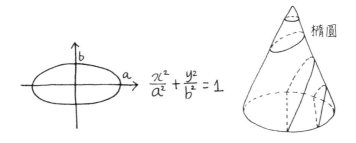

　　手法是不是很新穎？幾何學有很多用類似這樣的物體形貌表現法。

　　笛卡兒整理出的座標系成為了幾何學代數表現法的基礎，尤其是用座標表現物體的行進軌跡，更是帶動了牛頓的創新思維。舉例來說，假設現在要描述蒼蠅在空中的複雜飛行路徑，大家會用什麼方式向其他人說明蒼蠅的行進路線呢？

除了用「蒼蠅飛來飛去」之外，好像很難用其他方式表達吧？還是說蒼蠅一直繞圈圈飛，或者是說蒼蠅從這邊飛到那邊？蒼蠅的飛行路線可以透過感覺表達，但沒辦法給出定量數據。原來可以靠座標系準確表達啊。

現代絕對比笛卡兒身處的時代更進步，可是也找不到詞彙能確實表現蒼蠅的行進軌跡。雖然有小數點、分數等一些能精確表現數量的詞彙，但在說明形狀方面，我們還是只有「大」、「小」和「圓」這種原始的表現方法。不過，如果我們知道座標系，就能利用數對說明蒼蠅的飛行路徑，例如我們用 (t, t^2) 表示蒼蠅的行進軌跡，那麼只要把 x 軸的 t 改成 $(0,0)$、$(\frac{1}{2}, \frac{1}{4})$、$(1,1)$、$(2,4)$，就能說明位置的變化。

函數的概念便在這時候問世。座標位置隨著時間的變化而變化，對應到了時間座標函數。藉由時間函數概念，我們能準確描述物體的軌跡，哪怕只給了兩個時間函數的數值，也能清楚了解軌跡運行的模樣。

$(cos (t), sin (t))$

依函數中 t 值的不同，圓周也會隨之不同。從時間函數的變化能明確看出蒼蠅的飛行軌跡，儘管飛行軌跡不是人為故意操控的，但我們將數據輸入電腦之後，也能利用座標推測蒼蠅在不同時間的飛行路徑。此外，為了提升位置和位置變化的描述效率，現在我們習慣把圖片存在電腦

裡，或是在使用設計軟體的時候，選擇採用二次元或三次
元的座標。

　　像這樣，把座標系統和前面所提的牛頓運動定律結
合，就能完美地推導行星運行軌跡，且能預測該行星在一
年後會運行到什麼地方。

　　雖然是一本哲學書籍，但是牛頓傳承了笛卡兒的研
究。這麼說來，座標系真可算是近代數學史上的重大發現
呢。

　　座標系帶來的影響不勝枚舉。牛頓的著作《自然哲學
的數學原理》就多次使用座標系，再者，座標系也影響到
數百年後的人們，經由座標系的根本性檢視，革新人類對
時間和空間的概念。

　　繼笛卡兒之後，牛頓實現了座標系的轉換。大家看下
面這張圖片。原本水平垂直的 x、y 軸，變成了歪斜的 u、
v 軸。這樣一來，數對是不是變得不一樣了？

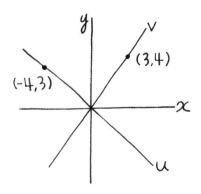

大家覺得這兩個不同的座標意味著什麼？事實上，牛頓只不過是改變了觀點，描述的仍是水平面上的同一點。

　　(x, y) 座標系上的一點 $(1,1)$，轉換到 (u, v) 座標系時是 $(\frac{1}{5}, \frac{7}{5})$。請問 (u, v) 座標系要怎麼表現拋物線方程式 $y=x^2$？

$$16u^2 +9v^2 +24uv+15u-20v=0$$

　　有些複雜吧？(x, y) 座標系和 (u, v) 座標系的關係，經過整理之後如下：

$$u=\frac{4}{5}x-\frac{3}{5}y \; ; \; v=\frac{3}{5}x+\frac{4}{5}y$$

　　轉換座標系要有良好的成效，得先理解理論，不過大家不用太擔心，因為我也不太懂。我也是經由不斷反覆練習累積經驗。如果 v 軸變成了 $u=0$，使用 (x, y) 座標系表示，會如下所示：

$$\frac{4}{5}x-\frac{3}{5}y=0, \text{即} \; y=\frac{4}{3}x$$

　　各位可用圖形確定。反過來，如果要用函數 (u, v) 表示 (x, y) 座標系的話，會變成：

$$x=\frac{4}{5}u+\frac{3}{5}v \; ; \; y=-\frac{3}{5}u+\frac{4}{5}v$$

只需記住兩個座標系的關係，就能用一個座標系簡單描述另一個座標系。當然，要經由複雜的計算方能得出上述的拋物線方程式 (u, v)。麻煩歸麻煩，大家試著計算一次吧。

已知以下方程式所成的圖形是一個圓形：

$$x^2 + y^2 = 1$$

要怎麼用座標系 (u, v) 表現這個圓形？我們先代入上面推理出的關係：

$$(\frac{4}{5}u + \frac{3}{5}v)^2 + (-\frac{3}{5}u + \frac{4}{5}v)^2 = 1$$

$$\frac{16}{25}u^2 + \frac{24}{25}uv + \frac{9}{25}v^2 + \frac{9}{25}u^2 - \frac{24}{25}uv + \frac{16}{25}v^2 = 1$$

$\frac{24}{25}uv$ 和 $-\frac{24}{25}uv$ 互相抵消，剩下：

$$(\frac{16}{25} + \frac{9}{25})u^2 + (\frac{9}{25} + \frac{16}{25})v^2 = 1$$

$$\frac{16}{25} + \frac{9}{25} = \frac{16+9}{25} = \frac{16}{25} = 1，則 u^2 + v^2 = 1$$

由此可知，這個圓形方程式在 (u, v) 座標系的方程式是 $u^2 + v^2 = 1$，與 (x, y) 座標系為同一解。

雖然拋物線方程式的換算很複雜，但是結果是不是很

神奇？我再強調一次，座標系之間的關係並不像前面提到的那麼容易。

變換座標系其實涉及面很廣。舉例來說，如果要用許多不同的座標描述同一現象，該怎麼做才好？還有，如果要定量化、具體化表現座標系之間的關係，又該怎麼辦？座標系的逐步發展可溯自求解這些問題的過程，並最終得出這樣的結論：透過座標系所描述的物理現象、物理定律和物理法則，必然具備一致性。

因為就算透過不同的觀點去描述，但最終指的依然是同一點。老師的意思是不是，雖然有很多表現方法，但同一現象終究是同一現象，不會變成不同現象？

回答問題前，我們從這個觀點來觀察一下圓方程式。如果我們把剛才的圓方程式的滿足解標在 (x, y) 座標系，是不是就是下圖？

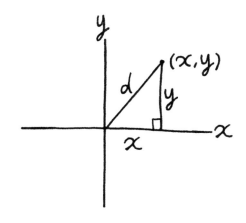

　　是不是會標出一個直角三角形的圖？這個直角三角形的兩股長分別是 x 和 y，斜邊長是 d，那麼 x、y、d 三者的關係是什麼？

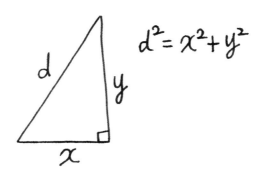

$$d^2 = x^2 + y^2$$

　　啊，想起來了。畢氏定理（ *Pythagorean theorem* ）就是 $d^2 = x^2 + y^2$ 吧？

　　是的，沒錯。滿足方程式 $x^2 + y^2 = 1$ 的解是不是也會滿足 $d^2 = 1$？因為 $d^2 = 1$ 也相當於 $d = 1$，所以滿足 $x^2 + y^2 = 1$ 的解就是「和座標原點距離為 1 的點」，因此圓方程式會寫成這個樣子。這個道理一樣能套用在 (u, v) 座標系。

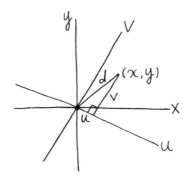

這是因為 x^2+y^2 和 u^2+v^2 都表示「座標與原點距離的平方」，所以 (x, y) 座標系和 (u, v) 座標系會出現相同現象。這是牛頓定義的「慣性座標系統」概念的延續，也是現代物理學的必備常識，希望大家都能記起來。

牛頓運動定律只適用於慣性座標系，他表述的是自然現象的慣性運動。實際上在當時，關於自然現象的表述，各家學說百家爭鳴，卻只能採用牛頓理論的最關鍵原因是，尼古拉·哥白尼（*Nicolaus Copernicus*）、克卜勒、伽利略·伽利萊（*Galileo Galilei*）等學者發現的宇宙新學說的核心正是「沒有不運動的座標」。你們猜得到他們為什麼會做出這種主張嗎？

細節不清楚，不過是不是跟地球繞太陽公轉、太陽和銀河系也會移動有關係？話說回來，假使座標系是慣性的，那該怎麼計算慣性座標系的距離和速度？

速度會不同於客觀認知是非常重要的一點。人類的宇宙觀就是在此時起了變化，過去的人沒想過地球會轉動，即便明白了地球會繞著太陽公轉，但人們依舊相信太陽是固定不動的。直到後來，人們的認知漸漸有了新進展，明白了不管是太陽也好、銀河系也好，整個宇宙都會運轉，於是得出了「運動的相對性」這樣的結論。

在日常生活裡，就算認為地球是不動的，也不會影響日常生活。通常「運動」，以「地平面」的觀點來看，意

味的是地球相對於客體的動作。宏觀來看，我們不能把太陽當成一個固定靜止的原點，要計算太陽系行星的運動，就不能把地球設成固定座標。隨著人們對宇宙的了解逐步加深，是不是會有愈來愈多人否定慣性座標？因此，牛頓索性拋棄了慣性座標系，改由「相對命題」出發，主張「從座標系 1 的觀點出發看物體的運動」。

所以說，處於慣性座標系的參考點不能視為客觀描述？因為隨著參考點的改變，座標系也會改變，直到參考點漸漸靜止。

那加速度呢？加速度是相對的嗎？牛頓定律認為加速度是客觀的。「儘管速度不是客觀的，但是速度的變化是客觀的。」想法逐漸變得刁鑽。

如果說球飛到一半停下，那麼球是在哪一個座標系「飛到一半」，又在哪一個座標系「停下」的呢？另一方面，速度的變化是客觀事實。牛頓把非慣性座標系寫進了《自然哲學的數學原理》，對靜止座標系和慣性座標系的關係提出疑問。

前面我以平面座標舉例，是為了方便解說。但一般而言，必須一併考慮空間座標 (x, y, z) 才對。只不過這樣一來，計算會變得繁瑣。所幸，兩者的原理大同小異。另外，在探究非慣性座標時，不只空間座標，同時也要考慮到時間座標。兩者合稱為「時空座標系」。

時空座標系聽起來有點彆扭。為什麼一定要把時間座標列入考量呢？

因為表述這兩個座標系的關係時，空間座標依賴於時間座標。若想空間和時間的關係，不妨想一想物體在直線上往返運動的情形，需要幾個座標才足以描述物體在直線上的位置？

一個是不是就夠了？給一個座標原點到物體的距離好像就可以了。

是的，沒錯。只要將原點當作參考點，依物體在原點的左右側來標出座標的正負值，原點右側是正值，原點左側是負值，如下圖所示：

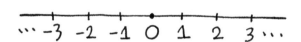

我們來單看一下兩個座標系的關係。已知第一個座標系的空間座標為 x，第二個座標系的空間座標為 u，時間座標為 t。而空間和時間的座標原點是一樣的，也就是說，x=0, t=0 的點，和 u=0, t=0 點是同一點。關鍵是，從座標系 (x, t) 的立場來看，物體在座標系 (u, t) 做等速度 k 運動。請問 10 秒後，當空間座標 u 為 0 時，物體在第二個座標系的空間座標 x 為何？

相較於 $t=0$ 的時候，這一次物體從第二個座標系 u 的原點持續運動了 10 秒，所以該物體的第一個座標系的空間座標 x 會變成 $10k$。

就是如此。一般來說，當第二個座標系的時空間座標是 (u, t) 時，轉換到第一個座標系會變成 $(u+kt, t)$，也就是說：

$$x=u+kt, t=t$$

這就是兩個時空間座標系的關係。接下來，我們試著看看反過來的情形：

$$u=x-kt, t=t$$

也可以寫成這樣。

啊，因為空間座標系之間的關係會涉及時間座標，若只標出空間座標是不可能表現出兩個座標系的關係。

是的。就算兩個座標系有相同的 t 座標，若不記住 t 座標值，就無法闡述兩個座標系的關係。因此，從這時候開始，學者們研究座標系時，會將時間和空間座標一併考慮。

介紹完牛頓對座標系的看法，接著，我們來聊一聊在

他之後的後續研究吧。後代提出不少建立在牛頓的《自然哲學的數學原理》基礎上的提問與分析。大家猜猜我們接下來要談什麼理論？

是剛才您提過的愛因斯坦相對論嗎？

是的，答對了。接下來，我們要談的就是相對論。物體相對運動的概念，最終進化為「時間是相對的」。愛因斯坦的特殊相對論，正如我們現在聊的一樣簡單，任何人只要有座標系和速度的概念，都能讀完區區 30 頁的基礎論文。在論文中，愛因斯坦從基本觀點出發，到探討何謂相對性。至於該論文最重要的地方就是牛頓描述的兩個座標系之間的關係，被愛因斯坦推翻了。

您這麼認真地說明給我們聽，結果卻是錯的，實在叫人沮喪。

在我們的邏輯裡，我們假設兩個座標系的時間是一樣的。準確來說，得先設定第二個座標系的時間座標 s，才有可能得出下列這個想念出來都有困難的方程式：

$$x=\frac{u+ks}{\sqrt{(1-(\frac{k}{c})^2)}} \; ; \; t=\frac{s+\frac{k}{c^2}u}{\sqrt{(1-(\frac{k}{c})^2)}}$$

儘管看上去複雜，但我們依然可以透過簡單的例子來直觀理解愛因斯坦的學說。在上面的方程式中，c 代表的是光速。還有幾個必須注意的地方：第一，通常 k 會比光

速小很多，所以 $(\frac{k}{c})^2$ 和 $\frac{k}{c^2}$ 幾乎趨近於 0。同樣地，s 會等同於 t、x 大概等於 $u+ks$，這和牛頓定義的 $u+kt$ 差不多。平常不會有人沒事研究這個方程式，但在此章節，我想和各位深入探討這個部分，所以才會寫下這個連我自己看了都頭痛的方程式。

請帶我們深入研究吧。

讓我們來觀察第二個座標系的座標原點。

當 $u=0$ 的時候，原點的 x 座標是 $\frac{ks}{\sqrt{(1-(\frac{k}{c})^2)}}$，當 $u=0$ 的時候，t 和 s 的關係會變成 $t=\frac{s}{\sqrt{(1-(\frac{k}{c})^2)}}$。

我們從而可以看出當 $u=0$ 的時候，x 座標會像牛頓定律一樣是 kt。不過，令人驚訝的是，$t=\frac{s}{\sqrt{(1-(\frac{k}{c})^2)}}$。藉由這個方程式，我們可以確定第一個座標系的時間，比第二個座標系的時間流逝得更快，相對論的「孿生子悖論」正是由此登場。

什麼是相對論的孿生子悖論？

孿生子悖論的基本概念有點科幻，大意是：旅行者進行了一次宇宙飛行，結果當旅行者回到地球時，地球已經過了幾千年。大家是不是很難相信這種神奇的見解出自兩個座標系的關係？更讓人吃驚的是，相對論是經過縝密的數學驗證才導出的理論。要是沒有費馬和笛卡兒座標系，

愛因斯坦不可能導出相對論。

　　現在我們已經看過了費馬原理、笛卡兒、牛頓以及愛因斯坦的理論。這些學者一面克服自身的疑惑，一面嘗試加入直觀思考，經歷一番曲折之後，導出了符合數學邏輯的見解。他們利用數學釐清概念而產生的理論，又帶來了數學的全新風貌及新的疑問。可想而知，科學史和數學史是多麼密不可分。

　　此外，看過這些偉大的發現之後，我們更明白了數學方法的形成與進化過程。生活在不同的時代的他們，如同進行一場接力賽般，一一克服難解的問題，力求創造解題必備框架，逐步開闢出簡潔明快的理論。各位可將數學思維想成是，先提出自身不知道的問題，並且掌握想追求答案的類型之後，再去創造明確的解框架及概念化道具的過程。

第 **3** 講

概率論的善與惡

各位是善良的人，還是邪惡的人呢？判斷善惡的標準是什麼？給各位諸多幫助的人就是善良的人？或者不違法的人就是善良的人？我偶爾會問學生這些問題，例如，假設倫敦海德公園今晚有 10 人遭到殺害，這算不算一件大事？

　　老師的問題看似簡單，可是很難回答。發生殺人案件當然是一件大事，但就數據而言，死亡人數比去年少，意味著治安有了顯著的改善。

　　從古典倫理學來看，這個問題可算是非倫理範疇。不過就像你們回答的，不能不看事件的整體性，單憑「就算死一個人也不行！」的原則，一聽到發生殺人案件就妄下定論，覺得發生了一件驚天動地的大事。事實上，死了 10 個人，可以說很多，但也可以說很少。舉例來說，假如我們不考慮社會資源分配問題，為使死亡人數降到 0，貿然將原先用在其他地方的資源挪用，說不定會引起更大的問題。這類倫理學範疇的問題，只有結合科學根據，才能做出正確判斷，這正是功利主義的觀點。

　　英國工業革命時代的思想家傑里米・邊沁（*Jeremy*

Ben-tham）是功利主義創始人，他最出名的就是提出追求「最多數人的最大幸福」的社會制度。光憑這句話多少能嗅出定量思維的端倪吧？事實上，長久以來，人類文明史上的倫理思維一直都帶有定量屬性。邊沁受到蘇格蘭啟蒙運動奠基者之一——法蘭西斯・哈奇森（Frais Hutcheson）的「道德計算法」影響，提出「幸福計算法」，而哈奇森在其著作《論美與德性觀念的根源》中，通過倫理議題的等量法方程式，以數學演繹倫理問題，比如說，「道德影響力＝慈悲心×能力」。即使哈奇森的論點放到現在顯得很突兀，但站在科學視角分析道德問題，在當時蔚為風氣。不僅如此，法蘭西斯・哈奇森的觀念也深刻影響了大衛・休謨（David Hume）和亞當・史密斯（Adam Smith）。

接下來，我要介紹大家一個早期文藝復興時期的有趣人物——「會計學之父」盧卡・帕西奧利（Fra Luca Bartolomeo de Pacioli）。大多數的人都不知道有會計學之父的存在，他生在文藝復興的鼎盛期，1447 年到 1517 年，身為方濟會修道僧的他，曾和李奧納多・達文西（Leonardo de Vinci）住在一起，兩人一同研究、分享數學知識和許多點子。盧卡・帕西奧利除了對文藝復興時代的學術文化發展做出卓越的貢獻之外，他的著作《算術、幾何、比例總論》也讓他在科學史上佔有舉足輕重的地位。書名是不是很長？1494 年時這本書出版，內容集當時的會計、算術、代數、幾何等數學知識之大成，故被後世認為是會計學的鼻祖。

現在我們學習會計學的基本前提是，要懂基礎數學，可是好像沒看過數學教科書提過會計學內容。

也因為如此，我們可以從這裡窺見當時的學術分類——會計學的複式記帳法（*Double Entry Book Keeping*）在這本書首次亮相。複式記帳法是經營公司時整理帳戶的方法，為了區分資產帳戶、現金帳戶、債權帳戶等各種帳戶，把進入每一個帳戶的資金紀錄在不同的帳戶，每筆交易結果分別被記錄在借方和貸方，雙方總額必須滿足「資產＝資本＋負債」的等式。這本書的副標題也很有意思，叫做《威尼斯商人如何創造現代文明？》，隨著文藝復興時期而誕生的全新建築風格和蓬勃發展的科學技術，勢必需要龐大的資本投資，因而比起政府，當時的產業更仰賴私有的資本家，如美第奇家族。直到今日，我們仍使用出自這本書的複式記帳法，有效幫助掌握會計和財務。

不過以數學角度來看，排除會計學、算術和幾何，這本書還有一個重要的內容，那就是「點數分配問題」（*Problem of Points*）。我個人認為這個內容改變了世界史的前進方向，我舉個簡單的例子，幫助大家理解這個問題。

點數分配問題出自簡單的賭博遊戲。參加者 A 和 B 參加了扔銅板的遊戲，遊戲規則如下：如果扔出的銅板出現正面，A 得 1 分；反之 B 得 1 分，先贏到決定分數的人贏得全部賭金。若雙方下了相同金額的賭金，也就是說，假

設各下注一萬元，贏的那一方能賺回兩萬元。

　　盧卡・帕西奧利針對這個簡單的賭博遊戲，提出個重要的問題：「假如遊戲玩到一半，意外中止，則賭金如何分配？」例如，在 A 獲得 5 分和 B 獲得 3 分的狀況下，卻因意外失火或其他原因，不得已中斷賭局，且無法重新開始，試問賭金如何分配？

　　要是把事情想得簡單一點，既然贏的人是 A，就讓 A 拿走全部賭金怎麼樣？問題的關鍵是想贏得全部賭金是有條件的，就是「必須玩到最後」，然而現在賭局卻被中斷了？

　　在科學範疇裡，解決問題固然重要，然而更重要的是，從解決問題的過程中揭示新的問題。有時相較於解決問題，通過一個新的好問題，更有利學術的飛躍發展，而帕西奧利提出的問題就是屬於此類問題。

　　讓我們一起來思考帕西奧利提出的問題究竟有何難度。就像你們剛才所說，既然 A 贏了，那就讓 A 帶走全部賭金就行了，可是這樣做，可能導致有人覺得結果不公平，因為賭局還沒結束不是嗎？這邊面臨的問題，若是賭局中斷時的比分是 1：0，A 一樣能帶走全部的賭金嗎？

　　聽老師這麼一說，好像真的不太公平。很難從比分 1：0 去判斷這場比賽誰輸誰贏。要是全部賭金真的都歸 A，大概每個人都會覺得不公平。

該怎麼做才好呢？為了解決這個困境，帕西奧利提出了以下的答案：如果賭局中止時的分數是 5：3，就按終止時的比例分配賭金。這樣做是不是還算有道理？

　　如果是同分，則平分賭金。按分數比例分配似乎很合理。

　　可是，依照 16 世紀中期的知名數學家尼科洛・塔爾塔利亞（*Niccolò Tartaglia*）的見解，帕西奧利是錯的。塔爾塔利亞同時指出點數分配問題比預期得還要複雜。

　　為什麼說按 5：3 比例分配是錯的？難道是因為無法整除？雖然說四捨五入或無條件捨去的確也值得爭議，但我可以告訴各位，不是這種根本性的問題。讓我來具體說明帕西奧利的方法哪裡出了問題吧。

　　5：3 和 500：300 的情況好像不能相提並論。萬一目標分數是 501 分，那麼 500：300 的情況下，獲得 500 分的人不是就跟贏了差不多嗎？

　　很好的想法。按 5：3 的比例分配看來沒有問題，根據目標分數調整賭金分配比例好像也不錯。先撇開 500：300 這麼誇張的分數不談，假定目標分數是 11，而比分是 10：6 的話，拿到 10 分的那一方不滿是可想而知的；又或是賭局目標分數是 100，可是賭局中斷時的比分不是

5：3 而是 1：0，遇到這種情況，想預測哪一方是最後贏家難如登天，若把全部賭金給先贏到 1 分的人，會讓人覺得很不公平。指出這一點的塔爾塔利亞聲稱賭金分配是個無解的問題。

隨著歲月流逝，人類進入科學革命的時代，在科學史上舉足輕重的人物如伽利略、牛頓等人相繼誕生。其中有兩個人令這個問題再次浮上水面，一個是數學家暨物理學家費馬，另一個是有名的數學家暨哲學家布萊茲‧帕斯卡（Blaise Pascal）。一開始，帕斯卡閉門苦思，而後 1654 年某一個夏日，他執筆傳信予父親的至交費馬，歷時兩個月的書信往來討論，這個問題終於被兩人成功解決。

他們是怎麼解決的？

他們認為現在的分數不重要，重要的是往後的分數會是多少，說穿了，問題核心是 A 與 B 未來各有多少獲勝「機率」。5：3 只是直至賭局中斷之前的比分，帕西奧利考慮的是過去機率，而帕斯卡和費馬大膽突破常規觀點，提出新的見解：要計算的是雙方未來的獲勝機率，而非過去。

機率考慮的不是過去，是未來。這麼說來，機率的概念是在那時候誕生的囉？

在現今的時代，每個國高中生都會算簡單的機率問題，不過在當時，機率是個尚待闡明的概念。你們想不想

聽一聽他們的書信內容？大致內容是這樣的：現有一賭局，賭局規定先贏得 7 分的一方就贏得這局。假設現在比數是 5：3，也就是說，A 再得 2 分，或者是 B 再得 4 分，此局就宣告結束，對吧？那麼，無論如何 5 分以內一定會結束比賽，沒錯吧？因為 A 只要在未來的 5 次裡贏兩次，或是 B 贏 4 次就達成終局條件。讓我們觀察未來 5 次丟銅板的結果，並列出 B 可能獲勝的情況。

上圖列出了所有 B 獲勝的情況。總之，出現一次正面或是根本沒出現正面，B 就獲勝，是吧？藉此計算出獲勝機率。以 1 號來說，最先出現的是正面，接著是反面、反面、反面和反面，每次銅板正反面出現的機率是 $\frac{1}{2}$，全部相乘就是 $\frac{1}{32}$。恰出現 1 次正面的情況共有 6 次，加總就是 $\frac{6}{32}$，也就是 $\frac{3}{16}$。

因此，A 獲勝機率是 1 減 $\frac{3}{16}$，即 $\frac{13}{16}$。經過計算，費馬和布萊茲・帕斯卡得出 A 獲勝機率為 $\frac{13}{16}$，因此應該給

$A \dfrac{13}{16} \times 2$ 萬元 $= 16{,}250$ 元。而 B 獲勝機率為 $\dfrac{3}{16} \times 2$ 萬元 $= 3{,}750$ 元。用白話一點的解釋就是「A 和 B 各自獲得賭金的期望值」。樣本空間和期望值的概念也首次在帕斯卡和費馬的書信中登場，這個新見解的重要程度，從著名數學家齊斯・德福林（*Keith Devlin*）用《費馬和帕斯卡的書信往來，使世界邁入現代化的那些信》當成其著作《*The Unfinished Game*》的副標題，可見一斑。

老師之前說，複式記帳法創造了現在的世界，我們總覺得有些誇大不實。但機率是改變世界的重大發現，這一點毋庸置疑。今時今日，人們一打開手機，無論是降雨機率，或是提供即時路況的導航系統，幾乎都會用到機率。各類運動競賽也會透過機率預測比賽結果，總統大選投票結束，人們也會馬上預測候選人勝選機率。

你們覺得若沒有機率概念，人們能否維持正常生活？機率、可能性和期望值，諸如此類，一直是 17 世紀優秀超卓的天才們才懂的概念，而現在，它已經滲透到人們的日常生活。甚至 20 世紀日益成熟的量子力學領域，把原子的模樣、位置和速度建立在機率的基礎上，而不是遵循固有屬性。如同我們已知的事實，人類是由原子構成的，對吧？因此，按現代科學觀點來看，我們全都是機率性的存在。光講到這裡，大家應該能同意機率的影響力很驚人，連帶大幅改變了人類看世界的方式。再者，由於諸多現實問題皆涉及機率，因此機率論普遍被人們所接受。17

世紀帕斯卡和費馬用書信討論看似幼稚的賭博問題，最終卻為世界帶來翻天覆地的變化。

然而，機率論在 17 世紀首次出現時，人們並沒有接受它，反而花了很長一段時間，社會才接納了這個理論。為什麼？因為機率是針對未來做預測的思維體系，某種程度上來看，是在違逆神的旨意。

牛津大學皇后學院的 *Ciara Kenne-fick* 博士在課堂上提出了「合理價格」的概念，他對照英法法學史研究，發現合理價格論和機率論的歷史息息相關。他與數學學者討論過後，在牛津數學研究所開設了相關講座。

「合理價格」指的是市場交易價格的合理價格吧？類似消費者保護法那種東西？

歐洲法律格外重視合理價格，尤其法國法律更是如此。事實上，即便是在市場經濟調整價格的資本體系下，市場經濟也擺脫不了價格和交易的「合理」議題，以致於交易不完全自由，因此大部分的國家都制定了周全、縝密的法規管理商業交易，像是各類消費者保護法與勞力交換的最低工資制度。11 世紀的羅馬法被認為是歐洲大陸的基礎，而後做出符合時代需求的調整，保留了歷史注重合理價格的傳統，演變成今日我們所見的歐洲法律。*Kenne-fick* 博士把自己的研究背景設定在 18、19 世紀的法國，當時的法國因為工業革命帶動資本主義的急遽發展，但法國

政府仍然透過法律，嚴格約束契約自由。例如，法律明文規定，若不動產成交價低於合理價格五分之二，則可推翻交易，然而有一件有趣的事情，那就是退休金可以買入賣出，原因是：人類的壽命長短是「隨機的」，得知道壽命長短才能推算退休金的合理價格，因此退休金可自由制定合理價格、進行交易。

在過去，危險評估有左右經濟走向的力量，一定很難接受現在這個什麼都能投保的年代。

那是因為機率論普及化，計算期望值已經變成家常便飯，現今要算一個人的壽命易如反掌。若想知道每年支付 2 千萬韓元退休費給 65 歲的退休老人能夠賺回多少錢，只要調查那人的具體情況、年齡、健康狀態和生活習慣做出判斷即可。也就是說，用「壽命的機率期待值」直截了當算出退休金合理價格，但是 17、18 世紀的法國沒想到能用數學解決這個問題罷了。

一直到 17 世紀伽利略和牛頓等人的登場，才有自信研究尚未發生的未來。然而，即使機率論急遽發展，1938 年的法國法庭仍有拒絕接受機率論作為判例依據的事件。

要人們接受一個具有革新意義的重要理論需要很長的時間。即便這是一個科技瞬息萬變的年代，要將一個新的概念套用到人類對於寶貴的生命、愛、健康等各種方面的重要價值觀，難免會產生抗拒心理。

沒錯。歷經千辛萬苦，進化論和遊戲理論總算被人們接受。不久之前，英國才為了能否根據統計資料，分配醫療資源的議題爭論不休。因為這樣做，無疑違反了基本原則：生命無健康與不健康之別，都一樣重要。

　　就像上面說的一樣，人類還是無法單純用科學思維處理自身事務。前面提過功利主義提倡「最多數人的最大幸福」，由於功利主義是一種結果主義，主張行為結果是行動善惡的判斷基準，也就是說，功利主義不考慮總體影響，排斥意圖、信任和信仰等各種形上學世界觀的非實證主義要素，因此遭到查爾斯・狄更斯（*Charles Dickens*）等知識分子的批判。

　　查爾斯・狄更斯的小說多次探討貧富差距、環境汙染和勞工階級等相關的社會議題，這種理性中心的思維方式算不算「半人文」思維呢？

　　狄更斯的作品的確有這樣的傾向。他在 *1854* 年出版的小說《艱難時世》（*Hard Times*）中強力抨擊功利主義。書中主角湯瑪斯・葛萊恩（*Thomas Gradgrind*）主張要以理性方法論和機率統計數據，解決子女教育和社會問題。但是兒子湯姆（*Tom*）卻過著放蕩的生活，汙衊工人盜竊。在湯姆的犯罪行為被揭發之後，湯姆對嚴厲責備自己的父親這麼說：

　　「社會上有那麼多講求信用的工作，偶爾出現幾個不

正直的人能怎麼辦？爸老是把那種現象歸因在統計原理。既然是原理，那我能怎麼辦？爸爸你總是用科學邏輯去安慰別人，不是嗎？拜託你安慰一下自己吧。」

　　聽到這番話的父親心痛如絞，但是兒子的指控不無道理。《艱難時世》是以真實人物為原型，塑造主角湯瑪斯·葛萊恩的靈感來自邊沁的朋友，同時也是功利主義的代表人物──詹姆士·彌爾（James Mill），在狄更斯的小說中，對詹姆士·彌爾的諷刺屢見不鮮。詹姆士·彌爾是著名功利主義學家約翰·斯圖亞特·彌爾（J. S. Mill）的父親，約翰·斯圖亞特·彌爾的父親從小便刻意栽培他，因此他 3 歲開始學習希臘文，12 歲投身經濟學研究，在古典文學、科學、哲學、政治及經濟各方面展現卓越天賦，成為了家喻戶曉的神童。但是學前教育的壓力，卻使詹姆士·彌爾在 20 歲就患了精神分裂症。

　　結果主義經常帶有機率論的色彩，這是因為結果主義以行動結果的好壞來判斷行動的對錯。事實上，許多行動的結果都是不可預期的，說到底，結果主義考慮的關鍵僅是促成最多數人的最大幸福的行動。關於這種主張，最常湧現的疑問就是：行為產生的意圖是好的，可是結果是壞的，那就不算是好的行為嗎？行為結果是好是壞有一定的機率。再說，行為往往不是一次性結束，後面有可能會帶來好結果，也有可能帶來壞結果。這麼一來，計算出現好結果的機率，用以判斷行為好壞善惡，究竟有何意義？不接受機率概念的人們都有類似的疑問。

我們日常生活中經常爭執這個問題，行為的好壞善惡究竟取決於動機還是取決於結果？人們經過 200 年的漫長歲月，才接受這個數學概念嗎？

關於這個問題，我想跟大家分享一個描寫進退兩難的戲曲場面。這個畫面出自艾略特（*T. S. Eliot*）的戲曲《大教堂內的謀殺》（*Murder in the Cathedral*），我記得我是在大學的時候看的。戲曲背景是在王權與神權對立的中世紀英國，劇情主要在講述亨利二世授意騎士們去刺殺大主教托馬斯·貝克特（*Thomas Becket*）。在戲曲後半段中，托馬斯被精神上的誘惑無止盡地折磨，最後出現的誘惑就是光榮的殉道之路。結果，托馬斯克服了殉道的誘惑，這麼說：

「我要走的路很清楚，神的旨意不言而明。我不會再被任何誘惑所擾。最後的誘惑是最嚴重的背叛，即，以壞的理由走上對的路的行為。」

弟子們懇求大主教關緊大教堂的門，以盡主教的本分。然而，托馬斯決定遵行神的旨意，打開了大教堂的門之後，他說道：

「你們是不是認為我莽撞又瘋狂。俗世的邏輯愛用結果決定善惡是非，事實上，成敗取決於計算。人生有好有壞、行為有好有壞，這是再自然不過的事。隨著時間流逝，諸多結果百般糾纏，善與惡是不可能分得清的。」

　　怎麼樣？我想用數學語言表現這一個場面。

　　「道德正義的好壞善惡並不能以結果論來計算。」

　　我再跟大家分享一個最近很流行的機率測試，那就是決策測試。有五個人搭著一輛車，突然路上出現了三名行人，事出突然，來不及踩煞車，即使踩下剎車也已經停不下來，但是還來得及轉動方向盤，改變車行方向。這只是一個測試，大家不用太緊張。

　　首先，如果車子繼續前進的話，斑馬線上的三名行人必死無疑，是吧？但如果改變車行方向，車子就會撞上安全島，車內五名乘客都會喪生。各位遇到這種情況會怎麼做？會選擇繼續前進，還是轉向？

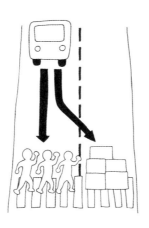

我們決定不改變方向。

接下來，我們改變一下情境設定。現在只有我一個人在車上，前方有一個老奶奶在過斑馬線。是讓老奶奶喪命？還是改變方向，犧牲自己？大家會怎麼做？會轉向還是繼續前進？聽我的課的人大部分會傾向繼續前進。

我們反對繼續前進。因為撞死老奶奶會一輩子受內疚折磨，我們也不想去坐牢。

那再換一個情境設定試試看。改變方向會讓車內的三名乘客喪生，不改變方向會讓三名路人喪生。但是三名路人是兩名女性和一個小孩，三名乘客是兩名男性和一個小孩，大家會怎麼選擇？會改變方向嗎？還是前進比較好？通常前進轉向比例各半。

還有另一個設定，若是自動駕駛汽車即將發生車禍，前進會害死一名健康的人，轉彎會害死一名體弱多病的人，大家會怎麼做？這個測試會隨著各位每次做出的決定，繼續延伸下去。基礎情境相仿，但是如果全部都是健康的人呢？還有，如果前進會害死一隻貓，轉彎會害死四人一狗。大家會怎麼選擇呢？

如果情況設定更複雜一點。前進轉彎都會害死四個人，可是轉彎害死的路人是四名盜賊，那麼大家會轉彎嗎？選擇犧牲盜賊生命的理由是什麼？如果這些盜賊是因為貧困而不得不偷竊的，那大家會怎麼做？再一個問題，如果轉向會讓四個小孩喪生，前進會讓車上四名老人喪

生。大家會選擇犧牲小孩還是老人？

這個測試的題目越來越尖銳，好像在故意為難測試者。兩難情境的設定，隨著不同人的想法，也會得出不同的答案。這個測試的目的到底是什麼？

這個測試是麻省理工學院（MIT）機械工學系所發佈的測試。該團隊致力於開發自動駕駛汽車項目，於是發起了這個測試。當自動駕駛車面對這些情況時，必須自己下決定。開車上路總是避免不了危險事故的發生，而做出因應判斷的不是人，是電腦程式。那麼電腦該依據什麼標準下判斷呢？情境看似簡單，實則複雜，電腦要從許多的情境設定裡做出判斷。我們透過這項測試，為電腦提供相關數據，把人們認為的正確答案告訴電腦。

對現在的我們來說，只是個決策測試，可是我們做出的決定將會成為大數據，影響5年後、10年後的汽車自動駕駛的判斷。各位不覺得很可怕嗎？一想到我是這種決策的其中一份子，我就有點害怕。

就像功利主義為什麼會廣受爭議一樣，要前進還是要轉彎？在做出決定之後，會帶來好的結果還是壞的結果？出現壞的結果的機率有多大？這類的計算幾乎時時刻刻發生在我們生活周遭。也就是說，責任最終還是回歸到人類自身。

在很久以前，哲學就已經在論證類似的道德兩難問題，其中最廣為人知的難題之一是「電車難題」（*Trolley Problem*），情境如下：有一輛有軌電車正在下坡軌道上前行，但是煞車不巧壞掉，如果電車不變換軌道，電車裡的5個人會死，但如果改變軌道，電車就會撞上4名行人。哲學思想的重要議題變成了打造自動駕駛必須考慮的細節，把道德形上學的問題結構化、模式化，再搭配適當的演算法去設計自動駕駛系統。

最後，我再和大家分享一個機率謎題。謎題是這樣的：根據統計數據，智商高的女人往往會和智商低於自己的男人步入禮堂，為什麼會這樣？答案眾說紛紜，像是「因為女人智商本來就比男人高」、「聰明的男人不喜歡聰明的女人」等等。那麼，真正的原因到底是什麼？

正確答案是「以機率而言，大多數男人的智商很難比高智商的女人更高」。如前面所述，我剛才說智商高的時候，意味著她們的智商本來就高於常人，所以智商高的女人當然有很大的機率會和智商比自己低的男人結婚。可是，我們看到這個問題的時候，絕對不會往這個方向想，第一直覺會聯想到社會歧視。

當我們思考或是面對這一類的問題的時候，我們需要避開道德謬誤的思維，而這種思維就是機率思維。

數學思維反而有可能會使人做出道德謬誤的選擇，老

師的話真是讓我們醍醐灌頂。過去我們的刻板印象，使我們跟狄更斯一樣，認為道德和人文、數學應該是背道而馳的。這種想法在機率思維上更是嚴重，因為我們總是懷抱偏見，認為「機率不過就是在談可能性罷了」。但是，原來數學思維能幫助我們逃出道德謬誤。

我再問大家一次，機率論是行善的行為還是行惡的行為？這個問題同時也是在反問科學本身。為什麼我要問這個問題？這是因為不僅科學是強而有力的工具，數學也是。科學的迅速發展，不僅讓人類實現登陸月球的夢想，更創造出核子武器，這些事情眾所皆知，但是大家知道原子彈的設計其實涉及了機率嗎？原子彈使用許多容易裂變的原子，所以計算爆炸機率必須動用到原子力學。如此說來，人類在打造這種具有強大殺傷力的武器之前，是不是要先反問打造這種武器是善還是惡？

聽到這裡，人們大概會回答機率論本身非善非惡。擁有武器的人類能做善行，也能做惡行。是善是惡，與它本身無關。在這裡我想補充一件事，就像艾略特筆下的貝克特大主教所說的，儘管好壞善惡受著機率論的支配，但機率論沒有好壞善惡，即便我們帶著善念去做的行為有可能得到惡果，反之，帶著惡念做的行為也有可能得到善果。好壞善惡受機率支配，無一例外。所以，我們也可以反思，善行和惡行發生的機率究竟是多少？

第**4**講

無解也很好

何謂民主主義？

這個問題好難回答。民主主義就是進行重要決議時，實現大多數人的要求的社會制度？

如果是好事能盡數實現當然好，但這就像是緣木求魚，是不可能達成的。每個人都列出自己的需求和條件做比對，一定會發生衝突。有些理論會從數理經濟學的角度，試圖幫助個體有效的溝通互動，社會選擇論就是其中一個代表性理論。迄今為止，社會選擇論仍持續蓬勃發展，下面我會介紹社會選擇論中的重要內容之一：選舉。

講到民主主義，我們自然而然聯想到的問題有：民主主義是不是更能反映出人民心聲？還有，直接民主制是不是比代議民主制更有效地反映出民意？

我們除了要解決民主主義是不是就是「反映大多數人的心聲」，你們還追加了新的問題。如果問得更辛辣一點，講白了就是「民主主義真的有實現的可能嗎？」關於這個問題，我們用數學方式來解答看看。

　　某一間學校要票選學生會長，候補人選五名，A、B、C、D 和 E，總共有 55 人參加投票。

排名	候補偏好	候補偏好	候補偏好	候補偏好	候補偏好	候補偏好
1	A	B	C	D	E	E
2	D	E	B	C	B	C
3	E	D	E	E	D	D
4	C	C	D	B	C	B
5	B	A	A	A	A	A
總投票數	18	12	10	9	4	2

　　投票結果如上圖所示，是不是和我們一般熟知的投票結果不一樣？這就是民意調查。社會選擇論經常使用到這一個模式，每一位投票者在投票紙上寫下偏好排序，根據個人偏好的第 1 名到第 5 名。在這張表裡，我們可以看到最高得票數為 18 票，而候補偏好排序為 A、D、E、C、B，其次的候補偏好排序為 B、E、D、C、A，得票數為 12 票。我們設定的情況明明比現實選舉簡單，可是為什麼結果看起來還是這麼複雜？而且說不定還會變得更複雜。各位，萬一這是真正的選舉，那根據這張表的偏好排序，你們覺得當選的會是誰？

　　不管是挑選商品，或者是選總統和國會議員，因為每個人的喜好不盡相同，通常投票只會揭曉第 1 名的結果。也就是說，投票往往只選出第 1 名。如果這是真正的選舉，那當選的好像會是 A。

　　是的。如果是採用多數決，當選的的確是 A。不同的

政黨對同一個議題會持有不同主張，加上，即便是同一政黨裡的政客們判斷政策的好壞也有個人傾向。我們得全面考慮各種因素之後才能進行投票，是吧？大家第一眼看這個表的時候，會不會覺得 A 贏得不那麼理所當然？投票排列組合的樣本空間為 6，究竟誰會當選？

如果實際進行投票的話，競爭最激烈的似乎是 A 和 D。可仔細一看，其他票數較低的排列組合，A 的偏好排序卻都是第 5 名。如果只看偏好排序，不看票數，那麼 A 好像不一定會當選。這樣說來，B 的偏好排序也是最低的，E 則是平均最高的。

你們剛才說的包含了許多可能性。人們習慣使用單純多數決。單純多數決指的是省略多餘情報，得票最多的就是第 1 名。雖然單純多數決是最簡單的方法，但缺點是它省略了所有除了第 1 名之外的情報，聽到這裡，是不是覺得哪裡有問題？事實上，貪圖多數決的便利性，對於多數決的弊病卻置之不理，這件事長久以來為人詬病。從 18 世紀以來，就有許多學者試圖建構各種不同的投票制度。讓我們來舉一些不同的投票制度吧？有哪些呢？

或者是像美國一樣，獲得各州選舉人票最多的人當選？或者是偏好排序分數配置，總分最高的人當選？

這些方法都可行。偏好度第 1 名給最多分，偏好度第 2 名給第二高分，依據偏好度予以配分的方法起源於 18

世紀，稱為波達計數法（*Borda Count Method*）。第一次
提出這個方法的是法國數學家讓‧夏爾‧德‧波達（*Jean
Charles Borda*），他同時也是物理學家暨政治學家。波達
計數法假設有 *n* 位候選人，在偏好度第 *1* 名的候選人可獲
得 *n-1* 分；偏好度第 *2* 名的候選人可得 *n-2* 分⋯⋯以此類
推。

　　我們重看一次剛才的問題，如果按波達計數法，剛才
的投票結果會出現什麼變化？在上述的問題裡，第 *1* 名的
可得 *4* 分、第 *2* 名得 *3* 分、第 *3* 名得 *2* 分、第 *4* 名得 *1* 分。
從第一列算起，總分是 *72* 分，剩下的都是 *0* 分，所以 *A*
總分為 *72* 分。個人分數計算如下：

　　A：72+0+0+0+0=72 分
　　B：48+42+0+11+0=101 分
　　C：40+33+0+34+0=107 分
　　D：36+54+36+10+0=136 分
　　E：24+36+74+0+0=134 分

　　直觀認為偏好度高的 *E* 卻輸給了 *D* 呢，但是 *D* 和 *E*
的差距微乎其微，很難判斷輸贏。

　　更叫人吃驚的是，採多數決方式當選的 *A* 成了最後
一名。在此，我想問各位，波達計數法算是合適的投票制
度嗎？在回答這個問題之前，我們先來看第三種方式。假
如我們像法國一樣採用兩輪選舉制，結果會變得怎樣呢？

在兩輪選舉制中，如果首輪投票的第 1 名得票數過半，就不舉行二輪決選，可是，萬一票數沒過半呢？

如果無人得到過半數的票，就排除其他候選人，由首輪投票中得票數最多的第 1 名和第 2 名候選人進行第二輪投票。

前面採用偏好度投票，所以不需要重新投票。但如果採用兩輪選舉制，第一個會被淘汰的是哪位候選人？

兩輪選舉制只看第 1 名，不考慮其他的偏好排名，因此可以排除 C、D、E，僅由 A、B 進行第二輪投票。

排名	候補偏好	候補偏好	候補偏好	候補偏好	候補偏好	候補偏好
1	A	B				
2			B		B	
3						
4				B		B
5	B	A	A	A	A	A
總投票數	18	12	10	9	4	2

二輪決選排除了 C、D、E 之後，看起來大部分的人比起 A 更喜歡 B，因此 B 以 37：18 的比數大幅領先。

如果採用波達計數法，B 絕對不可能當選，卻在這裡取得壓倒性勝利。話說回來，二輪決選不用讓 A 和 B 重新投票嗎？

是的。其實，兩輪選舉制的偏好度投票的結果基本上

差不多，就算重新投票，大部分的人偏好 B 多過 A，即便重新投票結果也會差不多。

從兩輪選舉又發展出「排序複選制」。排序複選制是，在票數未過半時，淘汰掉每輪票選中得票最少的候選人之後，重新進行票選，直到有候選人取得過半數的選票為止。在這種情況下採用排序複選制，究竟誰會當選呢？

這時候，只需要看偏好排序表裡，誰獲得最多次第 1 名就可以了。首先，淘汰掉僅有 6 票選他是第 1 名的 E。在二輪票選裡，把淘汰的 E 的票數分配給其他人，重新計算每個人被選為第 1 名的票數，如下表所示：

排名	候補偏好	候補偏好	候補偏好	候補偏好	候補偏好	候補偏好
1	A	B	C	D		
2	D		B	C	B	C
3		D			D	D
4	C	C	D	B	C	B
5	B	A	A	A	A	A
總投票數	18	12	10	9	4	2

A 得到 18 票，B 得到 16 票，C 得到 12 票，D 得到 9 票。接著，淘汰掉 D，剩下 A、B、C 的結果，如下表所示：

排名	候補偏好	候補偏好	候補偏好	候補偏好	候補偏好	候補偏好
1	A	B	C			
2			B	C	B	C
3						
4	C	C		B	C	B
5	B	A	A	A	A	A
總投票數	18	12	10	9	4	2

A 得到 18 票，B 得到 16 票，C 得到 21 票。雖然結果呼之欲出，但最高得票數還沒過半數，必須進入下一輪票選。在下一輪的票選中，B 被淘汰，C 當選。

採取不一樣的選舉制度會得出不一樣的結果。如果採用人們最常用的多數決，則 A 當選；如果採用波達計數法，則 D 當選；如果採用兩輪選舉制，則 B 當選；如果採用排序複選法，則 C 當選。一開始被選中的 E 反而沒贏過。

不過，如果使用孔多塞侯爵（Nicola de Condorcet）創造的選舉制度，又會出現不一樣的結果。孔多塞是政治史上最有影響力的人物之一，他對民主主義造成了深遠影響的同時，也是倡導義務教育的啟蒙主義家。孔多塞提出的「孔多塞制」是對所有候選人兩兩比較，A 和 B 進行比較，投票給其中一人。因此，孔多塞制又叫做配對比較（pairwise comparison）或成對比較，就是將兩個不同的個體配對比較。只要試著做一次就會理解了。我們試著把偏好表上的 A 到 E 配對比較。要把 5 名候補兩兩配對比較，總共需要幾輪票選？

$5 \times 4 \div 2 = 10$ 輪投票。

排名	候補偏好	候補偏好	候補偏好	候補偏好	候補偏好	候補偏好
1	A	B	C	D	E	E
2	D	E	B	C	B	C
3	E	D	E	E	D	D
4	C	C	D	B	C	B
5	B	A	A	A	A	A
總投票數	18	12	10	9	4	2

為了方便起見，我們再看一次偏好表吧。先比較 A 和 B，誰會贏？排除其他候選人，單比較這兩位候選人就好了。只有 18 人喜歡 A 多過 B，因此 A 和 B 的比數是 $18：37$，B 獲得壓倒性勝利。

如果進行一對一比較，A 好像會全輸。

那麼我們淘汰掉 A，來比較 B 和 C。C 在偏好度排序裡，B 和 C 比較時，C 以 $18+10+9+2=39$ 贏了 B；C 和 D 比較時，D 以 43 贏了 C；D 和 E 比較時，雖然雙方 $27：28$ 比數相近，但 E 還是贏了 D，且 E 佔了極大優勢。

$E：A=37：28$
$E：B=33：21$
$E：C=36：19$
$E：D=28：27$

就如上面結果顯示，一對一比較的時候，E 不管跟誰比較都會贏。大家不覺得這個方法極具說服力嗎？像這樣子，不管和誰比較都不會輸的候選人，被稱為「孔多塞贏家」。因此，孔多塞制的準則就是「孔多塞贏家必贏無疑」。

贏的次數和人數是重要的變數嗎？雖然說在進行一對一比較的時候，偏好排序高的候補人應該要贏才對，可是一定會產生贏家嗎？說不定根本不會有贏家。

你們指出了很重要的一點。其實，孔多塞制不能被稱之為方法論，是因為選舉理應出現贏家，但孔多塞制有可能無法選出最終贏家。以下面的例子為例。

排名	候補偏好	候補偏好	候補偏好	候補偏好	候補偏好	候補偏好	候補偏好
1	A	B	B	C	C	D	E
2	D	A	A	B	D	A	C
3	C	C	D	A	A	E	D
4	B	D	E	D	B	C	B
5	E	E	C	E	E	B	A
總投票數	2	6	4	1	1	4	4

A：B=7：15；A：C=16：6
A：D=13：9；A：E=18：4
B：C=10：12；B：D=11：11；B：E=14：8
C：D=12：10；C：E=10：12；D：E=18：4

像這樣進行配對比較，會出現下面的結果：

A<B，A>C，A>D，A>E
B>A，B<C，B=D，B>E
C<A，C>B，C>B，C<E
D<A，D=B，D<C，D>E
E<A，E<B，E>C，E<D

沒有人在每一次的比較都是贏家，是以孔多塞制不能算是一個方法論。不過在孔多塞制的基礎上，加入些許計算，就能成為方法論，稱為「計算孔多塞制」。比方說，在足球比賽一對一較量的情形下，贏的人得 1 分，輸的人

得 0 分，平手則各得 0.5 分。上表中，A 贏了幾輪票選？A 贏了 C、D、E，所以得到 3 分，以此類推，來計算其他候選人的分數。

A ＝ 3 分
B ＝ 2.5 分
C ＝ 2 分
D ＝ 1.5 分
E ＝ 1 分

看上去跟運動比賽的計分制差不多，這種方式沒有缺點嗎？

單看結果會產生一個難以預期的缺陷，那就是有候選人退選的情形。假如投票如常進行，可是 C 突然退選，那麼淘汰 C 的表如下所示：

排名	候補偏好	候補偏好	候補偏好	候補偏好	候補偏好	候補偏好	候補偏好
1	A	B	B			D	E
2	D	A	A	B	D	A	
3			D	A	A	E	D
4	B	D	E	D	B		B
5	E	E		E	E	B	A
總投票數	2	6	4	1	1	4	4

在重新計分之後，得到令人扼腕的結果。儘管選民的偏好排序不變，但 A 得到 2 分、B 得到 2.5 分、D 得到 1.5 分、E 得到 0 分。為什麼結果會產生變化？先前 A 之所以能多贏 1 分，是由於 C，但現在 C 退選，等同扣了 A 的分數。

C 退出之後，B 變成贏家。

到頭來，改善過後的孔多塞制把個體偏好體現為群體偏好，以專業經濟用語來說，就是把國家視為法人，而僅憑幾個人的小集團左右了法人決策。然而，就算 C 突然退選，但是個人的偏好排序也不會突然轉向，大幅傾向 B。是以，將個人偏好假定為群體偏好的選舉制度是不合理的。國家應是廣泛聽取眾人意見的法人，這個選舉制度明顯有缺陷。

這個方法論好像很難算是合適的社會選擇方法論。其實，從一開始到現在，老師講的每一種方法論都有讓人頭痛的問題。

是的，數學揭露了社會決策問題的複雜度。不過仔細想想，這不單純是社會決策問題，其實個體決策時也是半斤八兩。從這個觀點看來，那個好像不錯；從那個觀點看來，這個好像不錯……即便只是客觀考慮到會影響決策的因素，從少數個體的偏好排序，到社會決策會面臨的問題，其實大同小異。

社會決策就是個體偏好排序疊加多方面決策因素，最後下達共同決策的過程。即使是一個小小不足，科學研究也得耗時費力才能找出方法論裡可能存在的缺陷。

社會選擇理論出現在封建制度崩塌，民主主義得到發

展的過程中。我們都知道社會選擇理論的背景是工業革命時期，它的興起和時代背景有關嗎？

　　如前所述，啟蒙主義影響了 1700 年代經濟、科學、社會背景等各種領域。啟蒙主義是指人們相信能憑藉理性、科學、邏輯、知識等做出智慧的決策。孔多塞或巴爾多（Bardo）等人提出的方法論也是以科學和數學方法反映抽象思維，另外，從伊曼努爾‧康德（Immanuel Kant）等人揭示的理論也可一窺啟蒙主義時代的中心思想，就是根據道德倫理建構出更先進的社會法則體系。哲學思想家們重視理性和邏輯的同時也須面對進行社會決策時，究竟如何反映到形上學的道德範疇，尤其是功利主義，或是被列為同類的結果主義的頑固反對。康德於著作《回答這個問題：什麼是啟蒙？》（An Answer to the Question: What is Enlightenment?）中，用簡短的文章道出了他對於民主主義的感受。康德相信憑藉邏輯和理性，能擺脫傳統體系的制約，但是他也主張倫理不受民主支配。

　　將科學思維應用在社會決策的想法，到了 20 世紀中半逐漸成熟。當時關注的焦點不是先建構倫理體系，再決定應該採取什麼社會決策，而是先表述邏輯先決條件。比起建構詳細的方法論，更優先考慮需要什麼性質的方法論。以牛頓運動定律舉例，牛頓第一運動定律的先決條件表述為「假如施加於某物體的外力為零，則該物體的運動速度不變。」；牛頓第二運動定律是「當物體受外力作用時，會產生加速度，其大小與外力成比例」；牛頓第三運

動定律則是「當某物體受外力作用時，受力物體會同時產生大小相同的反作用力。」透過簡單的牛頓三大運動定律找出了物體運動的準確軌跡，進一步解開了更多的問題，像是被扔出的球的行進軌道、行星繞著地球的公轉軌跡等等。牛頓運動定律的三個先決條件大大影響了後來的科學方法論。

社會選擇論也是相同的道理。*1950* 年代，建構了社會決策系統的三個簡單命題，使每個人都能對社會決策系統一目了然。一開始建構的不是方法論，而是基本原理。第一個命題是共識理論（*Consensus*），意指所有人擁有共同的認知。第一個命題，我想不用多解釋，因為是理所當然的事。要是所有人偏好 *A* 勝過 *B*，那麼共同決策時，*A* 的偏好排序當然會先於 *B*，不是嗎？

那麼第二個命題是什麼呢？

第二個命題從先前說的「計算孔多塞制」為出發點，是種獨立性論，簡單來說，第二個命題主張從 *A* 和 *B* 的一對一比較結果能推測出最終結果，至於有沒有其他的候選人存在都不影響最終結果。舉例來說，有 *C* 的時候，*E* 會是贏家；反之，沒 *C* 的時候，*B* 會贏，這種結果違背了社會應是個體之間的協議。

可是，現實投票中的選舉結果經常會因為第三名候選人產生變化，選民會在某一位候選人退選之後，把選票投

給其他候選人。

　　你們説的沒錯，不過這個理論的先決條件是把社會視為一個法人。當然，其他的候選人存在與否，會影響到票數，可是如果投票者對 A 和 B 的偏好度取決於其他候補人存不存在，不覺得是很奇怪的現象嗎？無論是個人或是社會整體，只要 A 和 B 的相對位置不變，那麼按理説，A 和 B 的偏好排序結果也不會變。

　　最後的命題就是，社會偏好不應該只反映一名個體的意見，選民要明確認知能左右票選結果的「獨裁者」並不存在的事實。

　　社會選擇論的三個命題都是以確保方法論的合理性為基礎，分別是「意見一致性」、「獨立於無關選項」以及「非獨裁」。只要滿足這三個命題就能提出相關方法論。前面討論的各種選舉制度中，排除違背這三個命題，剩下的好像就是最恰當的選舉制度。

　　提出這三個命題的是 1972 年諾貝爾經濟學獎得主肯尼斯・約瑟夫・阿羅（*Kenneth Joseph Arrow*），他提出阿羅定理，奠定了社會選擇理論的基礎，也重新建構了社會選擇論的新框架。然而，不幸的是，阿羅定理得出的結論是「不可能」。

　　當有 3 名以上的候選人時，不存在滿足阿羅定理的

選舉制度。

鑑於以上結論，阿羅定理又被稱為阿羅不可能定理。我不打算仔細說明這個理論，不過大家可以理解一下這個理論基礎假定。阿羅定理的根本表述是，假如真的有一個選舉制度能滿足上述三個命題，那麼該制度百分百會發生自相矛盾的情況。更具體地說，選民喜歡 B 勝過 A，可是比起 B，更喜歡 C，但是比起 C，又更喜歡 A，這種結論是不可能發生的。這個邏輯很好懂，也非常有趣。

社會選擇是民主主義範疇的重大議題，卻找不出任何方法論能滿足「命題」？那麼社會選擇還有可能發展下去嗎？

你們會有這種想法是理所當然的，但是從科學觀點來看，這個議題還沒劃下句點。所謂的科學與數學思維的本意就是覺察限制，進而尋求克服限制的方法。這不僅是理論上的議題，同時也關乎改善社會決策的方式。

這樣說有點膚淺，但大家可以想成是在解一個有限制條件的方程式。一旦能解出方程式 $x+y=1$ 的變數 x 和 y，問題不就迎刃而解了嗎？

問題是，能滿足條件的答案太多了。

那麼，如果我們再追加一個條件「$x-y=1$」呢？

x+y=1, x-y=1
y=x-1
2y=0

如此一來就會出現唯一解 $x=1, y=0$。

我們設定了兩個方程式，就能找出唯一解。那如果再多加一個方程式 $x+2y=0$ 呢？

x+y=1, x-y=1, x+2y=0

如果我們把滿足前兩個方程式的解 $x=1, y=0$，代入第三個方程式的話，會得到「沒有任何解能同時滿足三個方程式」的結果。

你們說的沒錯，答案是「無解」。只有一個方程式的時候，有多個解；有兩個方程式的時候會形成唯一解；但我們卻找不到同時滿足三個方程式的答案。兩個條件方程式對應到唯一解、三個條件方程式無解，這種情況實屬常見。當然，按照不同的方程式，也有可能出現滿足三個條件的解的情況。話說回來，我們本來在聊牛頓運動定律和社會決策，突然跑題到方程式，大家懂我要表達的是什麼嗎？

以數學立場來看，牛頓運動定律同時滿足了三個方程式。然而，社會決策對應的結果是無解，是嗎？

運動定律和社會決策法則都在描寫並預測自然現象，人們試圖預測的自然現象就是方程式的變數，人類為找出解而苦苦思索，進一步發展出「如果設定條件限制，是否能更接近真正的法則呢？」的想法。以牛頓為例，他創造了三個定律，也就是限制條件，能滿足三個定律的方法只有一個。三個定律相當於三個方程式，以此類推，阿羅定理是為尋找名為社會決策方法論的變數，從而設定了三個方程式。只不過，阿羅定理和牛頓運動定律不同的是，阿羅定理找不到滿足所有方程式的解，故無解。

既然如此，我們下一步該怎麼做才好？選舉制度方法論不是一部只要輸入結果就能得到答案的機器。這部機器的使用步驟為：

個體的偏好排序→選舉制度方法論→社會偏好排序

我們往這部機器輸入個體的偏好排序，最終這部機器會輸出社會的偏好排序。站在人們的立場來看，人們希望社會決策三大命題的這部機器能擁有上述性能，可是阿羅卻告訴我們這是不可能的，因為沒有機器擁有這種優秀性能。儘管阿羅給出這樣的結論，但人們依然還是得做決策的話呢？要是人們不想放棄希望，依然試圖建構出好的方法論呢？是不是只要排除可能引發問題的內容就好？這樣做雖然簡單，但在民主主義體制之下，必然導致非法的選舉結果。既然如此，我們究竟還有哪些方法能解決這個問題呢？

不能建構一個發生矛盾機率低的機器嗎？

　　除了極端的情況會出現問題之外，整體而言，建構不容易發生問題的機器，成了人類的新研究目標，我們現在的研究正是朝這一個方向努力，這也是為什麼「不可能定理」重要的原因。不可能定律的研究首要關鍵是制約不可能性，我再重複一次，總體而言，任意輸入會引發矛盾，但是如果存在一個發生矛盾機率相當低的方法論，那麼就使用那個方法論就行了。實際上，有很多研究都著重在建構實用解決法。

　　自阿羅之後，阿馬蒂亞‧森（*Amartya Sen*）的《集體選擇與社會福祉》（*Collective Choice and Social Welfare*）一書，在社會福祉理論研究上做出了重大貢獻。讓森成為諾貝爾經濟學獎得主的這本書中，對於數學經濟理論的論述相當有意思，甚至被列為牛津大學學生的修課內容之一。不過，我們在此只需大致過目就行了。下一頁的圖片就是該篇論文的部分內容：

$$D(x, y) \rightarrow \overline{D}(z, y) \qquad (2)$$

Interchanging y and z in (2), we can similarly show

$$D(x, z) \rightarrow \overline{D}(y, z) \qquad (3)$$

By putting x in place of z, z in place of y, and y in place of x, we obtain from (1),

$$D(y, z) \rightarrow \overline{D}(y, x) \qquad (4)$$

Now,

$$D(x, y) \rightarrow \overline{D}(x, z), \quad \text{from (1)}$$
$$\rightarrow D(x, z), \quad \text{from Definitions } 3*2 \text{ and } 3*3$$
$$\rightarrow \overline{D}(y, z), \quad \text{from (3)}$$
$$\rightarrow D(y, z),$$
$$\rightarrow \overline{D}(y, x), \quad \text{from (4)}$$

Therefore,

$$D(x, y) \rightarrow \overline{D}(y, x) \qquad (5)$$

By interchanging x and y in (1), (2) and (5), we get

$$D(y, x) \rightarrow [\overline{D}(y, z) \ \& \ \overline{D}(z, x) \ \& \ \overline{D}(x, y)] \qquad (6)$$

Now,

$$D(x, y) \rightarrow \overline{D}(y, x), \text{ from (5)}$$
$$\rightarrow D(y, x)$$

Hence from (6), we have

$$D(x, y) \rightarrow [\overline{D}(y, z) \ \& \ \overline{D}(z, x) \ \& \ \overline{D}(x, y)] \qquad (7)$$

老師您說這是社會福祉的相關研究論文，可是全部都是數學，實在不知道該從哪裡讀起。

其他相同領域學者的論文，和森的論文如出一轍。要利用數學論證阿羅不可能定理，就必須先設計出一個框架。即便無法馬上找出解，可是在審視有哪些解、分別符合哪些條件、會生成哪些制約時，學術新領域、研究方向和革命性的新觀點也在此過程中誕生。

您說的設計框架，指的是不是雖然我們知道有定理的存在，但是因為找不到真實解，為了推導出解，從而加入某些假設條件的體系化方法？

這在學術上稱為「公理化」。牛頓三大定律就是先從公理出發，繼而推導出結果，誕生了極具說服力又實用的力學。不只如此，阿羅的三大命題也是從公理出發，只差在找不出解。即便找不出解，申述定理依舊重要，像是要對原理進行準確的論證、研究調整方程式的方法以及重新梳理法則等。

阿羅不可能定理至今仍有很大的影響力，還是有許多學者專心致意研究阿羅定理的改善方法，卻也不可避免地招致了諸多批評。大家猜一猜，最為人詬病的阿羅命題是哪一個？

我們想了想，對第二個命題告訴我們的獨立性有點疑慮。您在前面說如果 C 候選人的加入不影響 A 和 B 候選人的票選結果，可是如果使用排序複選制，C 的存在絕對能影響偏好排序。

　　是的，阿羅定理假定偏好排序不會改變。更具體的說，其實，個人偏好排序受到諸多因素的綜合影響所致。大家能想到哪些例子，關於 A 和 B 的偏好排序會受到第三者存在與否的影響？

　　我們想到了行動經濟學的特定情境，是說明昂貴的紅酒明明賣不出去，但卻必須放入菜單的理由。假如只有 A 和 B 兩種紅酒，考慮到性價比，大眾傾向酒質好、便宜的紅酒。可是如果菜單上加入了乏人問津的昂貴紅酒 C，大眾便會趨向於中間價格的 B，不再考慮性價比。像這種時候，C 的存在使行動者的行為不再符合合理選擇。

　　這是非常精準的舉例。你們所說的正是一般對阿羅定理的普遍批判。簡言之，個體決策時常會受到第三者的存在與否影響。因此，為改動阿羅定理的命題，後世學者投注了可觀的心力，就像是牛頓的運動定律、相對論、量子力學等理論，都在持續進化，阿羅的社會選擇論也在歷經進化的過程。說穿了，相對論也是因為探究牛頓運動定律的矛盾現象，才得以誕生。

　　數學史上有非常多錯誤的證明與定理，可是藉由了解那無數的失敗理論，從而讓後續的研究得到更大的幫助。比方說「阿羅定理」需要設限一事樹立了之後的研究學者們後續研究的指向標。另外，儘管對於社會選擇論的貶損言論層出不窮，該理論之所以仍被套用到社會福祉等各方面的領域，是因為社會選擇論不依附於倫理體系，不管是民主主義的觀點或是理性觀點，都是從令所有人能接受的原則、公理出發。

　　藉由阿羅定理，我們了解到各種方法論的矛盾現象，也學會從數學思維去思考社會現象，對社會現象有了新的認識。還有一個有趣的現象，那就是社會選擇論幾乎沒用到數字，但是卻歸屬為數學理論。

　　在回答數學思維如何運用在研究社會現象的問題時，假如只使用數理概念思考，就會造成思維受限。在我看來，第一步要先接納「近似（*approximation*）」的健全科學概念。與其達不到完美就放棄，倒不如理解在限制條件之內，有可能發生的現象。即使將來理論被推翻，起碼已經理解現有條件中會產生的那些現象，無論是阿羅或牛頓都抱持著這些念頭在建構理論。接納近似的過程，接受調整和改變的彈性，以及細心建構理論的過程本身就是一門學術。

第 **5** 講

有答案的時候，找得到答案嗎？

各位現在應該能認同數學不只是學習數字吧？可是，什麼是數學思維，如何說明定義也是數學學者們關注的焦點。大多數的數學家身兼教育家的角色，所以一直煩惱這個問題。我來和大家分享一個本著教育目的說明數學的特性，卻引發骨牌效應的事例。這個事例為數學家們帶來的啟示恐怕大過一般人。

　　提到媒人，大家第一個會想到什麼？讓我們來看看這兩張圖。第一張是 17 世紀荷蘭畫家讓·凡·比耶勒特（*Jan Van Bijlert*）表現的媒人；第二張則是 16 世紀畫家拉斐爾（*Raffaello*）畫的媒婆之一——邱比特。

　　在這裡，我先用一個世俗的問題當開場白，「怎樣才是一個好媒人？」這也是各位會感興趣的問題吧？大家有何想法？作媒時有哪些重要因素？媒人介紹對象的時候，要考慮到雙方的條件，像是教育水平、家世、文化等等，是吧？各項條件都要考慮周全，而同理可推，結構完整的理論須仔細斟酌各種社會文化因素。不過接下來，我們先談單純的作媒問題，即，著重在「偏好」配對即可。

　　老師的意思是撇開其他因素不談，只考慮誰喜歡誰，把兩情相悅的人配對就可以了？

　　要替人作媒當然會涉及諸多因素，不過在最開始探究一個理論時，往往從簡單的情形開始。既然選舉問題和其他問題都愛用偏好排序表做統整，我們也來建立一個男女相互偏好表。先簡單假設，有兩男兩女，他們的相互偏好表如下圖所示：

各位知道怎麼看這個表吧？這個表的意思是，男性 1
喜歡女性 A 多過女性 B，男性 2 喜歡女性 B 多過女性 A。
那麼，大家會怎麼幫他們配對？

〔男性 1，女性 A〕，〔男性 2，女性 B〕是最佳配對。
就像剛才說的，把兩情相悅的人配對在一起。

但是，現實情形通常與這張表不一樣。現實世界會發
生什麼情形？大家仔細想想，現實世界是不是更常出現下
圖的情況：

雖然只有兩男兩女，但一般來說，人們的偏好會重
疊，因此上圖誕生了超人氣男女。來，現在該怎麼配對？

我們只有兩種可能性，是吧？〔男性 1，女性 A〕和〔男性 2，女性 B〕，或者是〔男性 1，女性 B〕和〔男性 2，女性 A〕。各位覺得這兩種組合中哪一種更好？

如果是這種情形，好像需要更多情報。

沒有其他情報了。

在沒有其他情報的情況下，〔1，B〕和〔2，A〕的組合是不是比較好？兩對情侶中，至少有一個人是幸福的。

你們揭示了功利主義的觀點呢，但很不幸，用功利主義沒辦法解決這個問題。這是因為〔1，A〕和〔2，B〕組合以及〔1，B〕和〔2，A〕組合的幸福人數一樣都是兩人，縱使優先考慮滿足喜好的人數，兩種組合出來的結果是相同的。

不過，假如標準是滿足的情侶數越多越好，那第一種組合會更好。

你們點出了很重要的一點，關鍵在於「產生滿足的情侶數」，按這個基本條件，你們不妨想得深入具體一點。我提供一個提示，按人們的思考模式，這個問題其實是有解的，有時光知道有解就足以幫上大忙。各位是不是覺得有解這個說法有點怪？這是因為這個問題尚牽扯到許多複

雜因素，像是社會條件、文化水準等。其實，在我們的對話中，已經談到解這道問題的必須假定。

第一個假定很容易被人們遺忘，那就是我們站在誰的立場思考？我們是誰？是媒人。這一點非常重要，過去我教國中生的時候，他們堅持一定要配成〔1，B〕和〔2，A〕。一問之下，他們的原因是——「我就是男性2。」這句話一出來，全班哄堂大笑。如果是站在這個立場的話，〔1，B〕和〔2，A〕當然是正確答案。可是現在我們是站在媒人的立場上。

第二個假定，我不確定我有沒有強調過，那就是兩男兩女「一定」要在這之中挑到對象。當然，這種設定遠比現實情況單純。儘管單純，這一類的數學框架依舊會影響到複雜的現實情況。

請各位留意這兩個假定，我們再重看一次問題。我再提供另一個提示，在沒有媒人，最自然認識到異性朋友的情況下，配對結果往往是〔男性1，女性A〕和〔男性2，女性B〕，對吧？雖然有人會對4人獨處，各玩各的覺得不高興，但實際上更接近人們認識新朋友的情況。其實，男女之間自然地互動、交友配對，對媒人來說非常重要。不過，為了檢視配對結果，我們得看一下相反的情形，萬一結果是〔1，B〕和〔2，A〕，接著會發生什麼情況呢？

這意味著偏好交錯，有可能兩對都沒戲唱。男性 1 和女性 A 不喜歡自己的配對對象，可能會想往外發展，甚至劈腿。

的確如此。但是，如果換成是〔1，A〕和〔2，B〕的話，男性 2 和女性 B 就不會討厭自己的配對對象嗎？

就算男性 2 喜歡女性 A，由於 A 討厭他，所以他沒機會劈腿。女性 B 和男性 1 也是同樣道理，他們一樣會留在現有的對象身邊。

你們分析得非常好。站在媒人的立場上，配對成功率高很重要。自己一手促成的情侶如果分手收場，多少會影響到業績吧。因此，從我們媒人的角度出發，正解會是〔男性 1，女性 A〕和〔男性 2，女性 B〕。按這個邏輯進行配對，只需要上述的假定，不需要更多的情報。

僅有兩名男性的情況看似簡單，但仍然得動用數學思維。然後，由此問題再延伸出，如果有 3 名男性會怎樣？從以前到現在，許多學生會被棘手的延伸題搞得一個頭兩個大，這是因為即便只是稍微深入的設定，滿足配對條件的組合也會變多。3 對、4 對都這麼複雜了，如果是 26 對怎麼辦？是不是超級複雜？其實，這個問題與社會決策問題相去無幾。想法簡單的人認為只要知道每個人的偏好排序，把互相喜歡的人湊在一起就夠了，然而要知道 26 對男女的偏好本身就是一件麻煩事。因此，下面我們先看 3

對男女配對的簡單情況。

男性 1	男性 2	男性 3	女性 A	女性 B	女性 C
A	A	A	1	3	2
B	C	C	2	2	3
C	B	B	3	1	1

如果答案是〔1，A〕、〔2，C〕、〔3，B〕呢？雖然〔1，A〕、〔2，B〕、〔3，C〕也是可行解，但很難說明配對的理由。配對問題和選舉問題、社會決策一樣，雖然有解，但解有無限可能性，我們似乎需要建構一個方法論。

我們先考慮一下假定條件。牛頓定律和社會選擇論都是先揭示假定條件之後，才發現方法論。我們也可以依樣畫葫蘆，試著建構「配對方法論」。首先思索我們想要的假定條件，再以數學思維導出方法論。既然決定要先「揭示假定條件」，那我們接下來該怎麼做？

問題在於我們該設定什麼條件。因為隨著假定條件的不同，可能會發生無解的情況。

根據不同的假定條件，有可能不存在解答。就像阿羅定理一樣。阿羅定理提出了「我們希望建構的方法論是這樣子的」卻導不出結論。不過，就目前的媒人作媒問題來說，媒人只有一個簡單的任務，是什麼呢？

速配成功的情侶不能分手是最重要的。

這就是配對定律 1，稱為「配對穩定性」，媒人撮合

的情侶得不分手才行。當然，就媒人的立場來說，配對成功的情侶感情好不好都無所謂，只要配對成功就行了。但假如我們要更具體說明穩定性，並且試圖找出不穩定的情況。那麼，配對成功，感情卻不穩定的情況會是怎樣的呢？

這種情況會發生在偏好排序差太遠的時候。前面也提過，如果偏好差太遠，兩個人就無法長久走下去，換句話說，會有高劈腿風險。本來交往的對象比不上原本就互有好感的對象的時候，就會形成感情不穩定的情況。

沒錯，與配對成功的對象相比，一旦心中有更心儀的對象存在，就容易造成感情不穩定。你們觀察到非常重要的事，能具體且明確揭示出假定條件相當重要。

那麼，以此為假定條件，再用上面的偏好排序表為基礎，回頭檢視〔1，A〕，〔2，C〕，〔3，B〕的配對穩定度。男性 1 和女性 A 配對成功，因為 A 是他最喜歡的對象，所以不會有其他問題；男性 2 和女性 B 配對成功，可是 2 更喜歡 A，不過 A 已經和喜歡的男性第 1 名配對，並且男性 2 又喜歡 C 多過 B；女性 C 和男性 3 配對成功，但她更喜歡 2。由於男性 2 和女性 C 比起自己現在配對的對象，更喜歡彼此，所以這兩對情侶處於不穩定狀態。

這麼看來，〔1，A〕，〔2，C〕，〔3，B〕才是高穩定度的配對。

假如我們改為〔1，C〕，〔2，B〕，〔3，A〕配對，各位覺得會比較穩定嗎？

一樣不穩定。因為比起男性 2，女性 B 更喜歡男性 1。同樣的，比起女性 C，男性 1 更喜歡女性 B，我們卻把男性 1 和女性 B 分別配對給女性 C 和男性 2。

我們找出了兩種能撮合兩對情侶的可能解，由於多了一個假定條件：考慮配對穩定度，使我們得以解釋這兩種可能解中，哪一種解會更具說服力。如果在建構方法論之前，能先接受任意設定的假定條件，將其條件視為公理，則正解呼之欲出。數學的「公理」概念多半帶著這種性質，雖然有些邏輯是在先接受公理才推導出來，不過大家更關注該如何設定公理，因為這會影響到後面推導出的邏輯。數學的公理追求「自然」，這比發現公理之後，推導出答案的過程更重要。

好了。接下來，讓我們更深入討論穩定度公理。如果情況變成 100 人，儘管阿羅和牛頓只設定了 3 個公理，但當人數增加到 100 名的時候，只有一個穩定度的假定條件，不免讓人有些擔心。

是不是有可能出現沒有穩定交往的情侶，以至於這個問題無解？

這個問題的第一個核心是找出穩定性公理。以方程式

來闡述穩定性公理，大家可能會擔心是否根本沒答案，要知道存在可能解和找出可能解都很艱難。有解嗎？有，但怎麼求解？我可以先告訴各位結論，這個問題有解。在滿足穩定的假定條件之下，永遠都有解。

你們也許好奇我沒算過怎麼知道？其實，這個穩定配對理論正是大衛・蓋爾（*David Gale*）和勞埃德・夏普利（*Lloyd Shapley*）證明過的 *Gale-Shapley Algorithm* 演算法。這個演算法保證能找出穩定的配對，數學家勞埃德・夏普利教授和大衛・蓋爾在 *1962* 年共同發表的《大學招生及婚姻穩定性》論文（*College Admissions and the Stability of Marriage*）中介紹了此演算法，兩人主張「無論偏好有多複雜，總是存在解，且必能有效求解」。

「總是存在解」和「必能有效求解」兩句話聽起來有點奇怪，難道會出現有解卻求不出解的情況？

這個提問很有意思。舉例來說，牛頓主張無論是什麼情況，物體都存在運動軌跡，可是很難去證明軌跡的存在。同樣道理，我們明知 *100* 對配對一定有解，但能保證一定會找出解嗎？

既然知道一定有解，那我們用樣本空間計算不就行了？假如有 *100* 人進行配對，有 *1* 名積極的男性，那麼所有 *100* 名女性都是他的可能結果，以此類推，既然有 *100* 名男性，*100×100*，有可能的配對成功數是 *10000* 個。

即便我們知道配對成功數的集合是一萬，但真正能配對成功的數有限。既然我們保證其中一定有穩定的配對，我們是不是要一一計算每個男性的劈腿可能性？雖然過程很麻煩，不過要硬做還是辦得到。

其實，這個問題的關鍵不只是找到解，而是「有效地」找到解。許多的數學議題都涵蓋了以下這三個議題，一是有無解；二是能否求解；三是能否有效求解。這三個議題彼此相關卻又各自獨立，所謂的有效求解到底是什麼意思？有效求解並不是個人感覺有效或無效，而是客觀判斷效率高低。大家可能會想問我，真的有這種方法嗎？實際上，在數學及計算科學領域，有許多人致力於研究效率的定義和相關理論。

話說到這裡，我們來看夏普利創始的高效率方法。接下來，我以 4 對男女性配對的例子來闡釋夏普利演算法。為了更有邏輯地求解，我們重新整理解題順序、方法和規則，進而推導出演算法。

夏普利演算法的第一個步驟是，假定每次的配對都是隨機的，還有，每次都能隨機配對出一對情侶。由於 21 世紀主要是多元化婚戀方式，不適合套用在這個情況下，所以我以 18、19 世紀的歐洲方式當作背景參考。配對流程該稱為求婚嗎？過去的歐洲應該是由男性向女性求婚吧？在第一次隨機配對時，男性會對最愛慕的女性求婚。

當然，肯定會有例外情況，不過在這裡，我們先把例外情況排除。現在，男性向最愛慕的女性求婚之後，下一個步驟會是什麼？

女性也有她們的偏好吧？既然男性們很可能愛慕同一名女性，那麼我們就只能根據女性的偏好，推測她們會接受求婚或拒絕求婚。照理說，女性應當選擇最心儀的男性才對。

是的。在第一次的隨機配對時，男性對最愛慕的女性求婚，女性會接受偏好排名靠前的男性的求婚。好了，接下來他們會馬上步入禮堂嗎？當然不可能，他們得先訂婚。我們把這個問題想成以維多利亞時代為背景的言情小說，因此我們的演算法依循歐洲傳統慣例：女性可以悔婚，但訂婚的男性只要不被甩，就得維持原本的狀態。根據以上假定，我們來看看下面的例子吧。

男性 1	男性 2	男性 3	男性 4	女性 A	女性 B	女性 C	女性 D
A	B	B	A	3	4	2	2
B	D	D	D	2	3	3	1
C	C	A	B	1	1	1	3
D	A	C	C	4	2	4	4

男性 1 和 4 在第一回合裡對女性 A 求婚，同樣的，男性 2 和 3 對女性 B 求婚。根據偏好排序表，女性 A 更愛慕男性 1，女性 B 更愛慕男性 3，於是〔1，A〕和〔3，B〕成功配對。剩下的男性 2、4 及女性 C、D 處於單身狀態。由於男性 2 和 4 是未婚，在第二回合裡，他們應該會向第

二愛慕的女性求婚吧？首先，讓我們刪除第一次的求婚。

男性1	男性2	男性3	男性4	女性A	女性B	女性C	女性D
				3	4	2	2
B	D	D	D	2	3	3	1
C	C	A	B	1	1	1	3
D	A	C	C	4	2	4	4

接下來，男性2和4會同時向女性D求婚。如此一來，就會誕生〔2，D〕情侶。目前配對成功的有〔1，A〕、〔2，D〕和〔3，B〕。

在實際生活裡，求婚之後會再觀察對方一陣子，看是不是真的值得託付終身。在觀察期時，如果發現兩人不適合，就可以要求退婚。因此，我們的遊戲還沒真正結束。為什麼我這樣說？

哪怕馬上結婚也得把穩定度列入考量，有可能發生男人求婚被拒的情況，也有可能發生女人沒被求婚的情況。

現在的問題出在男性4。在第三回合時，男性4對第三愛慕的女性B求婚之後，會發生什麼事呢？

男性1	男性2	男性3	男性4	女性A	女性B	女性C	女性D
				3	4	2	2
B		D		2	3	3	1
C	C	A	B	1	1	1	3
D	A	C	C	4	2	4	4

那就變成活生生的小說情節了。雖然女性B在第一

回合裡接受了求婚，但她心中第一愛慕的男性本來就是男性 4。如果能悔婚，女性 B 好像會取消和男性 3 的婚約，轉而接受愛慕的男性 4 的求婚。

這樣一來，男性 3 會重返戰局，他會對第二愛慕的女性 D 求婚，這又會引發什麼問題？

被求婚的女性 D 會拒絕男性 3 的求婚，因為她原本就喜歡男性 2 比男性 3 多。

是的，現在我們可以來整理情況了。男性 3 對第三愛慕的女性 A 求婚，女性 A 喜歡男性 3 比喜歡她的現任未婚夫男性 1 多，所以她會跟男性 1 悔婚，轉而和男性 3 訂婚。在第四回合結束之後，配對成功的情侶會變成〔2，D〕、〔3，A〕和〔4，B〕三對情侶。

如果是這樣，那麼男性 1 會再次求婚。由於他在第一回合裡向女性 A 求婚，卻遭男性 3 橫刀奪愛，所以現在男性 1 會向第二愛慕的女性 B 求婚。

男性 1	男性 2	男性 3	男性 4	女性 A	女性 B	女性 C	女性 D
				3	4	2	2
				2	3	3	1
C	C			1	1	1	3
D	A	C	C	4	2	4	4

但是在女性 B 的偏好表裡，男性 4 的排名比男性 1 高，也就是說，女性 B 會維持和現任未婚夫的婚約。挫

折的男性 *1* 會向女性 *C* 二次求婚嗎？如果會，則目前單身的女性 *C* 會答應男性 *1* 的求婚。這樣的話，最終的配對結果會是？

〔*1*，*C*〕、〔*2*，*D*〕、〔*3*，*A*〕和〔*4*，*B*〕。

演算法到此結束。現在可以把他們送入結婚禮堂了。

不用確定穩定性嗎？

只需要再次審視偏好表，確認有無外遇可能性就行了。男性 *1* 比起現任未婚妻 *C*，更愛慕女性 *A* 和 *B*。不過，女性 *A* 和女性 *B* 分別和最愛慕的男性 *3* 和男性 *4* 訂了婚，兩名女性都不會接受男性 *1*。因此，男性 *1* 沒機會了。以此類推，用這種方式一一計算確認。

看上去複雜的偏好表，透過整理，有四對情侶速配成功。這個演算法主要用在每一次的求婚和選擇過程，直到所有人都配對成功，並且結婚。但是為什麼說用這種配對演算法撮合的情侶大部分都很穩定呢？

這個演算法確實能滿足配對穩定性。而這也是蓋爾與夏普利的主張。

[定理1] 利用上述運算法，能得出所有人喜結連理的結果。

[定理2] 每對情侶的關係都是穩定的。

不用透過計算就能得證定理 1 的結果。n 名男性和 n 名女性一旦進入配對回合，就會有人提出求婚。然後，就像剛才示範案例一樣，每次求完婚之後，就刪去男性偏好表中的一名女性。把 n 名男性的偏好表合計，會出現 $n \times n$ 名女性的結果。在 n^2 回合之後不再有求婚的人，因為所有男性都訂了婚，或者是對偏好表的所有女性都求過婚了。

那麼，會不會產生剩男 X 呢？如果有的話，理應出現另一名剩女 Y。不過，既然 X 已經向所有的女性都求過婚，那麼他一定也跟 Y 求過婚。按演算法的設計來看，女性只要接受一次求婚，就會進入有伴狀態，雖說可以毀婚，但前提是她得接受排名更先的男性的求婚。也就是說，不會出現剩男剩女的情形。就算沒進行驗證，大致也能客觀推導出這個結論吧？

接著，我們也能用簡單的方式證明定理 2。如果最終結果出現了關係不穩定的情侶，這代表有人想偷吃。若當演算法結束的時候，有兩對情侶〔m，X〕和〔n，Y〕，且 m 喜歡 Y 多過現任 X，Y 也喜歡 m 多過現任 n。可是，這是不可能的，因為假如 m 喜歡 Y 多過現任 X 的話，他理應先對 Y 求婚。兩人之所以沒成為情侶的原因只會有兩種：一種是 m 被拒絕過，一種是訂過婚但被拋棄。如果真的是上述兩種情況之一，就 Y 而言，她一定是被比

m 更愛慕的對象 p 求婚，接受了 p 的求婚。不過，現在 Y 的未婚夫卻不是 p 而是 n，意味著 n 在 Y 的愛慕排名更靠前，所以 Y 甩了 p ——這種事存在著重複的可能性——如此一來，Y 的愛慕排名裡，n 的排名一定比 m 更靠前。定理 2 故得證。

蓋爾夏普利演算法證明了一定存在解的同時，也設計了求解方式。就這一點來看，定理 1 和定理 2 具有明確的結果，這是非常少見的。如果我們真的是媒人，且拿到了這些人的偏好情報，就不需要浪費時間來回求婚，只需套用此演算法，就能牽好紅線。蓋爾夏普利演算法不僅給出解，而且有效率。

只需像電腦一樣快速運算就行了。

蓋爾夏普利演算法的確經常使用在電腦上。關於夏普利演算法的證明到此結束。不過，我們也可以延伸變形，如果把男女對調，我們要用什麼方法才能在許多解中找出最佳解。後來，蓋爾與夏普利建立的演算法獲頒 2012 年諾貝爾經濟學獎。

您說這篇論文寫於 1962 年，和其他論文相較顯得簡單，特別的是，50 年後，在 2012 年，他們才以數學家的身分獲得經濟學獎。

雖然夏普利得獎的時候，謙稱自己只是「普通的數

學家」，但在 2016 年他與世長辭時，《經濟學人雜誌》（Economist）追悼表示：「他強調自己是一名數學家，可他留給經濟學界的影響是不朽的。」

蓋爾和夏普利的論文的開頭與結尾這樣寫著：「以具體的事例體現數學思維的本義，就是這篇論文的研究目的。」在論文中，內容不曾出現幾何學、數字或是計算，但是明確展現了數學思維。更驚人的是，這篇論文登載於數學教育期刊上，而不是數學研究期刊或經濟學期刊，他們撰寫這篇論文是希望能提供數學教師們數學思維之具體事例。這個事實令人感到驚訝。

我們還有一個問題，假設蓋爾夏普利的演算法的假定是只有男性能對女性求婚。女性不能先行選擇，過程明顯不公，這種假定是不是對女性更有利？還是正好相反，對男性更有利？數學能論證這一點嗎？

我給大家的提示是，這個問題也存在解。我們論述的演算法確實有利於男性，讓我們透過下面的例子探究看看：

男性 1	男性 2	男性 3	女性 A	女性 B	女性 C
A	B	C	2	3	1
B	C	A	3	1	2
C	A	B	1	2	3

用蓋爾夏普利演算法來思考上述例子。在第一回合

裡，男性 1、2 和 3 分別向女性 A、B 和 C 求婚，是吧？演算法的下一個步驟是什麼？女性會從眾多求婚者中，接受最滿意的求婚者的求婚，但是，如今每位女性都只有一名求婚者，也就是說，在第一回合結束的時候，男性 1 和女性 A、男性 2 和女性 B、男性 3 和女性 C 會達成配對。接著，會怎樣呢？

原本在第一回合不被選擇的男性會進入第二回合，但是現在不會有第二回合了。既然配出了〔1，A〕、〔2，B〕和〔3，C〕三對，他們就會直接完婚。

如此看來，女性們都被最不喜愛的男性求婚，且按此演算法，得和這名男性結婚。反之，男性們都和最喜愛的女性結婚。

由於男性都得到了滿足的結果，就不會想往外發展了吧？是有穩定性的配對。演算法性質相似，即便我們改變演算法的規則，把女性變成了主動求婚者，但必須形成穩定的情侶這一點不會改變。

我們可以找出多種配對組合，但也一定會出現不可能配對成功的人。如要達到整體穩定度，一定會發生有兩個人無法配對成功的情形。換句話說，男性們有自己看中的女性，反之亦然。所謂的整體穩定性意味著不違逆穩定條件的配對。當得知所有人的喜好排名時，男性和女性分別

喜歡的對象一定會有所重疊。

言歸正傳，回到剛才討論的蓋爾夏普利的演算法對誰比較有利。在這個演算法裡，男性會和喜好排名最靠前的女性結婚。假如男性的配對對象，不是他最愛慕的女性，那麼這段關係基本上不穩定。而女性會和喜好排名最靠後的男性結婚。上面的例子經常發生這種結果。就這方面而言，這個演算法對男性壓倒性有利。

我在某一堂課說過，這個演算課法的啟示就是「喜歡，先告白再說」。

縱使被對方拒絕，但按照喜好排名來看，主動方往往獲得更好的結果。男性被更喜歡的對象拒絕了，所以會妥協和喜好排名較低的女性配對。既然已經被甩，就不可能悔婚。

乍看之下，這個演算法好像更有利女性，因為接不接受求婚取決於女性。

這是由於設定了對自己不利的條件，但也只能說明，接受求婚與否的權利沒那麼重要。

科學就是透過數學模式觀察更複雜的問題，並且試圖將複雜的要素單純化，從而更縝密地思考方法。我們可以追加更多的演算法假定條件，通過修正，使這個演算法逐

步趨近公理系統方向。在把問題單純化之後的下一個步驟就是追加假定條件，嘗試改善方法，而這也正是科學在做的事。

第6講

宇宙的本質、模樣、拓撲參數與運算

來看最後的謎題。

到目前為止，老師分享的事情都像謎題一樣。

以下的{}裡寫的字，大家知道是什麼意思嗎？

{A}、{B}、{C}、{A，B}、{A，C}、{B，C}

我給各位一個提示，A、B、C 各代表一個點。

如果 A、B、C 代表點的話，根據兩點成一線的定理，{A，B} 好像是一條「線」。以此類推，{B，C} 和 {A，C} 好像也是線。這些字似乎會構成一個三角形。

沒錯。是不是長得和下面一樣？

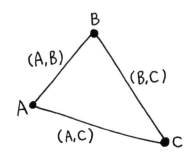

那這又是什麼？

{A}，{B}，{C}，{A，B}，{A，C}

少了 B 到 C 的線，所以無法構成三角形。

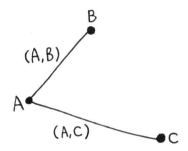

再來看看這是什麼？

{A}、{B}、{C}、{A，B}

現在只有三個點和 AB 線。

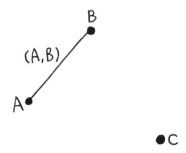

這個呢？

{A}、{B}、{C}、{A，B}、{B，C}、{A，C}、{A，B，C}

在前面構成三角形的要素裡，追加了三點的集合，所以這是三角形的一個面。

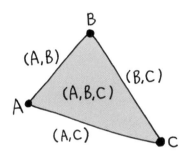

沒錯。我們口頭上說三角形的時候，指的是包含三角形的面，也可以指稱三角形的三個邊。我們必須謹慎區別這兩種情形。有很多方法能表示三角形，為什麼我們會選擇這樣標記三角形，是因為這個方法相當有效率，分別標記出三角形的頂點，兩點的集合為兩點之間的線段，三點的集合為三點構成的面。接著再來看，下面的括弧記號會是什麼？

{A}、{B}、{C}、{D}、{A，B}、{A，C}、{A，D}、{B，C}、{B，D}、{C，D}、{A，B，C}、{A，B，D}、{A，C，D}、{B，C，D}

似乎是立方體。根據四個面、六個邊、四個點，我們
猜想應該是四個三角形構成的一個立方體。

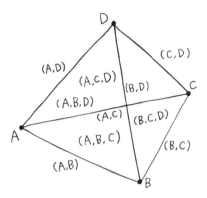

有四個面的立方體。我們用來標記立方體的方式也是
五花八門，上面我給大家看的是「拓撲學」。拓撲學專門
研究幾何形體的基本概念，就像上述的例子一樣，用符號
表示點、線、面，從而呈現簡單的形體。拓撲學能做的不
僅如此，還能呈現下圖所示的複雜形體。

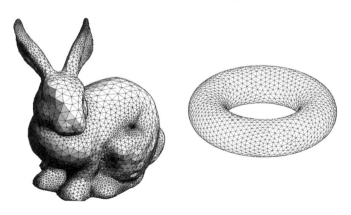

是的。不過再複雜，只要提供形體的模樣，再用電腦執行 3D 掃描，就能有效率執行符號化作業，不管是多複雜的點、線、面都能輕易儲存。

不過，說是這樣說，從括弧內的文字符號，我們真的能重現三角形和三面體等簡單形體嗎？

好像有難度。雖然能揣測出大致的模樣，可是無從得知三角形的大小、邊與邊的角度之類的相關情報。

一般會以宏觀幾何學說明拓撲學，這意味著，拓撲學用宏觀視野去研究符號化之後的形體，而非用微觀的幾何概念。驚人的是，即便只有單純的情報，也能大致推估出原本的模樣。

我們來看一個例子，以下是 18 世紀數學家歐拉（Euler）的主張。他發現了可以用點、線、面組成的關係式表現任意形體。

面的個數－線的個數＋點的個數

現在這個形體被稱為「歐拉數（Euler's number）」。就定義看來，由於這個關係式不是全部加總，反而是先減後加，所以看上去會有些奇怪。為什麼

歐拉主張這樣子計算？歐拉數妙不可言，歐拉數及其概念可以套用在各種數學範疇，包括代數、整數論、組合論和函數論都涉及了歐拉數，更不用說幾何學，是以數學的發展受到歐拉數的影響甚鉅，難以衡量。要有絕頂聰明的天賦才能研究出先減後加的概念。我這樣解釋，可能會有點難懂，不過這稱為「陰陽交錯的加法」，涉及超對稱（*supersymmetry*）的物理觀念。

我們暫且不談「為什麼」，先實際運算看看。從一開始就不存在面的三角形 $\{A\}$、$\{B\}$、$\{C\}$、$\{A, B\}$、$\{A, C\}$、$\{B, C\}$ 的歐拉數是多少？

首先，面的個數為 0；線的個數為 3；點的個數為 3。0-3+3 等於 0，所以歐拉數是 0。

就是這樣。那換作是有面的三角形 $\{A\}$、$\{B\}$、$\{C\}$、$\{A, B\}$、$\{A, C\}$、$\{B, C\}$、$\{A, B, C\}$ 的情形呢？

1-3+3 等於 1，所以歐拉數是 1。

順便算一下三面體吧？$\{A\}$、$\{B\}$、$\{C\}$、$\{D\}$、$\{A, B\}$、$\{A, C\}$、$\{A, D\}$、$\{B, C\}$、$\{B, D\}$、$\{C, D\}$、$\{A, B, C\}$、$\{A, B, D\}$、$\{A, C, D\}$、$\{B, C, D\}$

　　好。我們跟剛才一樣，在不知道物體模樣的情況下，僅靠符號情報計算，是故我們能知道面和歐拉數息息相關，縱使不知道物體的模樣，僅憑形體的「抽象組合」也能計算，對吧。那麼，前面那隻兔子的歐拉數會是多少呢？如果各位反問我答案的話，我會告訴各位，因為兔子的模樣和四面體的拓撲參數是一樣的，是以歐拉數唯一的可能是 2。在此，我不打算解釋拓撲參數的定義，因為比起理解位相的定義，我希望大家直觀專注「形體和拓撲參數一樣」這句話。

　　歐拉數的關鍵是，由於特定模樣的歐拉數只隨拓撲參數改變，若有兩個物體的拓撲參數一樣，則歐拉數也會一樣。接下來，我們著手比較複雜的計算吧？試算 20 個面的歐拉數。

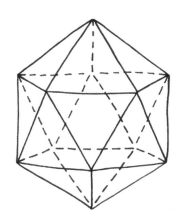

　　雖然會花一點時間，不過我們能算出這個物體，包括眼睛視線範圍看不到的部分，共有 *12* 個點、*30* 條線、*20* 個面，因此歐拉數是 *20-30+12=2*。

　　各位可以想成用軟橡膠製作出形體，就能理解拓撲的概念。為了不使橡膠破掉，變化形體的時候千萬要謹慎，只要橡膠沒被扯破，那麼它的拓撲參數也會維持不變。同理可推，不管是四面體、二十面體、還是兔子的拓撲參數或是球體，都是一樣的道理。這些多面體好比氣球，當原本沒氣的氣球灌入了滿滿的空氣之後，就會變成球體。所以不算也能知道，它們理所當然會有相同的拓撲參數，是以所有多面體的歐拉數都是 *2*。

　　照這樣說，甜甜圈的拓撲參數會不一樣囉？再怎麼把甜甜圈當成氣球吹，甜甜圈也不可能變成球體。

　　我們先簡單畫出甜甜圈的拓撲圖。

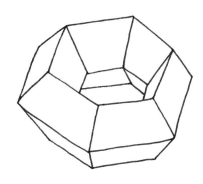

面是四角形，套上關係式：面的個數 - 線的個數 + 點的個數，得出的歐拉數是 *0*。這個不難。

從符號可以獲得哪些幾何學相關情報？這是我們前面的疑問。如今，試著反向思考吧。現在我們擁有的符號相關情報如下：

{A1}、{A2}、{A3}……{A1，A2}、{A2，A3}……{A1，A2，A3}……

從點和線的個數超過 *100*，可推知這個形體不是兔子就是甜甜圈，該用什麼方法判斷呢？

計算歐拉數就可以了。既然我們擁有符號的相關情報，拿去套在點、線、面的關係式，雖然計算的數字超過 *100*，但算起來並不難。假若最後得出的歐拉數是 *2*，就是兔子；假若是 *0*，就是甜甜圈。

你們說得非常正確。即便少了很多情報，但在符號化之後，多多少少能辨認出形體。我們用另一種方法練習計算歐拉數。如果要你們計算一個圓滑曲面的甜甜圈，而且這個甜甜圈和上面的圖形模樣截然不同，要怎麼計算它的歐拉數？

能不能換成我們熟悉的模樣？

　　可以。你們可以試著分解甜甜圈之後，再將它展開，甜甜圈會轉變成圓柱體，因此，只需計算該圓柱體的歐拉數。不過，就算這樣做，要算出圓柱體的點、線、面的個數還是很不容易，是吧？

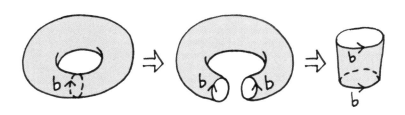

　　由於圓柱體和拓撲參數是一樣的，我們只要把點、線、面想成立體的就可以了。

　　沒錯。如果想成是一個透視稜柱體，這個稜柱體的歐拉數是多少？

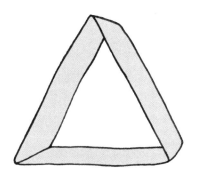

3 個面、9 條線、6 個點，3-9+6 得出歐拉數為 0。

接著，我們再把棱柱體還原成甜甜圈的形體，會發生什麼事？再者，若把一端的三角形和另一端的三角形相黏，又會發生什麼事？

兩個三角形合併，雖然會少 3 個點和 3 條線，但會保留原有的面。因此，3-6+3 的結果，歐拉數不變，還是 0。

再次驗證過圓滑的甜甜圈歐拉數為 0 的事實，是以我們能知道無論用任何方法去畫，答案都只會是 0。憑藉兩次的計算，大家應能直觀感受為何歐拉數和「拓撲參數」息息相關吧？

我再說一次，拓撲形體僅應用在宏觀的構造上。不過就像我們在兔子與甜甜圈的例子中所見，歐拉數則是把持有的情報符號化，透過計算分辨出真實形體的方法。在幾何學、物理學、宇宙學等多種學術領域中，此概念日益重要。相較歐拉數，現代拓撲學（*topology*）經歷了約 *150* 年更活躍的「形體計算法」。當年還是個數學系大四生的我學過的內容，早就蓬勃發展，多元運用在物理學領域上。然而，在查究形體和拓撲計算的領域，我們應回歸根本問題。下面是電腦的儲存圖片：

```
0010110001010101110101000111010001011110101011111100101000110110
11010010000101110100000010000000100000001100111111011101001010011101
000101001001100100100000000010001111101000100101000010001100111001
11001101011010010000111100110011110010101001001101011011000000000
01101010111000010001111000000000011001000010101011010101101010011
11110111010001101101100001110010000011011110000100100110100111
0101011001011100111001111001110101101011100001001100011101110000010
1001011001101101110010100011010110101110001001101111101010100001011
1111011110000010000110000000010111011100110010010110010110100001
10100000101010111001011101100110111000011101101111101101000110010
00011101000010000110101011001100101011001001011110011001010101000110100011
1111100101100110110101101110011111010110000101100111001001110000100011
1100111000010100000010101100111111110000000100110110010000001110100
111100011101010100100100001110011111111100010010100001110000010
11110001100011101110011110010100111100100100000111100011011101
01000010100100000000010011101001111100100000011001101100101000010011
001001000100101101000000000101001010010001000010001010100011010100011
110011011110111011000101111000100101101101000111000111011110000100000
1010000100101110001111010011101000101010001100111011110001111111
0010111111010110101100010001000100101001111100110110101111111010
011100001101010000110000100110000001011101100000100111111001111
```

　　人類肉眼可見的圖片卻是用這種方式存在電腦裡。不管我們輸入電腦的是圖片或是聲音，電腦會予以符號化，轉換成上面圖片的形式。就像我們運用歐拉數辨別兔子或甜甜圈的形體一樣，電腦會利用這些符號辨別各種形體。

　　意思是人類的大腦也是這樣子處理肉眼獲得的訊息吧。

　　訊息是以何種型態進入人的眼睛呢？

　　以光的型態進入。

　　由於物體反射光，人的肉眼才能看見物體。光線進入眼中成像於視網膜，誘發化學作用，該訊息最終以電磁波的型態傳遞到大腦，觸發腦神經網路。我要說的是，這些都屬於某種數學作用，雖然我只做了粗泛的解釋，但是我

們的大腦隨時隨地都在進行這些運算，是因為我們覺察及認知宇宙的過程，非幾何學觀，而是代數觀。因為腦細胞會先把光線替代成符號之後，再進行運算。

　　我們究竟是以代數觀還是幾何觀去認知物體的存在，這是最受理論物理學者們關注的議題之一。2014 年牛津大學學會曾發生這樣的事：美國高等科學院院長羅伯特‧蒂克拉夫（*Robert Dijkgraaf*）講授的哲學思考講座，內容是關於物理學結構與數學結構之間的關係的冥想。在講座結束後，一位叫做謝爾蓋‧古科夫（*Sergei Guskov*）的物理學家向他發問。

　　「您認為宇宙是代數觀，還是幾何觀呢？如果要打賭，您會壓哪一邊？」

　　蒂克拉夫猶豫了一陣子才答道：「我認為宇宙是代數觀的」。也就是說，幾何是表達代數的統計現象，而宇宙是以代數觀為基礎。

　　這個關於宇宙是代數觀或幾何觀的疑問，想告訴我們什麼？

　　一般都認為先形體、後符號化，但是這些人持反對的意見。要理解這些人的主張，首先要先了解幾何的發展。在幾何史上曾發生過三大革命性事件，第一起事件是 *17* 世紀的費馬和笛卡兒。

您在前面說過他們發明了「座標」，是指這個嗎？

和座標有關。大家還記得圓方程式嗎？

圓的方程式 $x^2+y^2=1$，即，聚集一切滿足 x 座標平方加上 y 座標平方等於 1 的點，就會成一圓。

這個就是代數幾何的概念。

我們以前在學校好像已經學過這個概念。那時候我們學到的是，無數個點會連接成線，無數條線會組成面與形體。

第二起革命事件「內蘊幾何」發生在 18 世紀末葉與 19 世紀中期。內蘊幾何指的是從物體內部視角中所能夠觀察到的幾何性質。讓我們看看下面幾張圖。

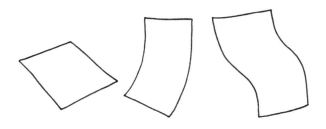

雖然是同一面，但有的面平坦、有的面彎曲，也有兩面彎曲的。

沒錯。雖說內蘊幾何的觀點看來，這三個形體並無二致，可是平坦面的 *AB* 之間的距離和彎曲面的 *AB* 距離卻迥異。假設我們住在這個面上，又會變成怎樣的情形呢？

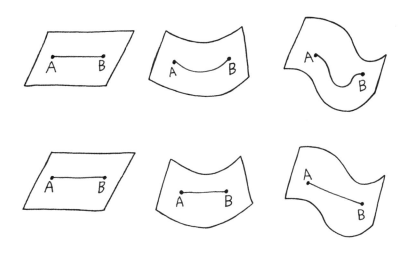

　　從面的上方看起來並無差異。假設我們要從 *A* 走到 *B*，由於都是平面移動，所以距離都是一樣的。看著這張圖，我想起了電影《星際效應》（*Interstellar*）中，人類在彎曲的空間裡安居樂業的最後一幕。

　　第一個提出內蘊幾何的是約翰・卡爾・弗里德里希・高斯（*Johann Carl Friedrich Gauß*）和伯恩哈德・黎曼（*Bernhard Riemann*）。進行內蘊幾何研究的時候，只需考慮會變成什麼樣的幾何形體，是吧？比如說，我們把一張豎起的紙彎曲成一個曲面，則內蘊幾何不受影響。但是若彎曲出的曲面不只一個方向，此時內蘊幾何會怎樣呢？

來看看下圖。

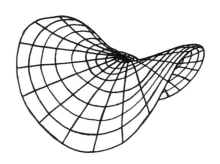

長得好像洋芋片。光用紙張好像很難做成這樣，必須增加面的個數才行。

沒錯。不管是增加或減少面的個數，或者是撕開紙張，如果不這樣做，就沒辦法出現這樣的形體。即，假若內蘊幾何不起變化，就不可能出現上圖的模樣。由此可知，唯有曲率才能改變內蘊幾何，而內蘊幾何改變，內蘊性質才會有所變化。我們吃披薩的時候就能感覺得到這件事。雖然把披薩稍微折了起來，但是從披薩背面看來，披薩並沒有被折起來。這是由於其面的個數沒有增加，內蘊幾何不變所導致。

原來要改變內蘊性質，就得改變幾何啊。那要怎麼用物理表現內蘊幾何的變化呢？

要增加距離才行。給幾何帶來重大影響之一的當屬愛因斯坦的廣義相對論。根據廣義相對論，受到重力作用的

物體可看成是受到時空間曲率的影響過程，由於空間和宇宙扭曲，因此承受了重力作用。不過，宇宙扭曲指的是什麼？說穿了，宇宙扭曲就是即便說得頭頭是道，使用直觀思維也不好理解的概念。為什麼我說我們很難理解宇宙扭曲的概念呢？

是不是因為我們身處宇宙之中？我們沒辦法跑到宇宙之外看宇宙。

就是這樣沒錯。所以說，沒有內蘊幾何，就無法驗證宇宙扭曲的幾何概念。

也就是說，愛因斯坦能用數學證明相對論，都是多虧了黎曼的幫忙囉？

愛因斯坦需要黎曼幾何的原因有非常多，而最根本的理由就是這個。如果沒有內蘊幾何的概念，就不可能談宇宙的幾何概念。所以說，內蘊幾何是高斯和黎曼的一大關鍵成就。

第三起革命事件的理論鮮為人知，是傳奇數學家亞歷山大・格羅滕迪克（*Alexander Grothendieck*）所創立的。他從 *1950* 起開始投身研究，到了 *1960* 年轉向幾何學，揭示了全新的數學基礎。*1960* 年，他應聘於法國高等科學院，直到 *1970* 年辭去工作，到蒙彼利埃大學（*University of Montpellier*）從事教職。*1980* 年中期，定居在比利牛斯

山，過起隱居生活，直到幾年前與世長辭。在 20 多年隱居生活裡，他澈底斷絕外界的往來，有些許精神疾病的徵兆，並寫下了許多令人費解的文章。

　　格羅滕迪克是代數幾何系統的創始者。雖然現在代數幾何被廣泛運用在各個領域，但在當時是相當創新的概念。此處，我們談的內容涉及到了數字的歷史。因為，格羅滕迪克發現的就是將原有的數系轉換成幾何的方法。

　　這樣聽起來，他很像是造物主，就像把數據輸入電腦裡，電腦就會產出某些東西一樣。

　　感覺確實大同小異。要想理解他的理論有一定難度，我盡可能簡單說明。學校都教過多項式吧，若我們要解多項式，首先得用函數定義多項式，假設 x^2 是實數，則可推出當 $x=2$ 時，x^2 之解得 4；當 $x=3$ 時，x^2 之解得 9。以此類推，就能理解多項式之間的關係。請問大家 $(x+y)^2$ 的解是多少？

　　好像是 $x^2+2xy+y^2$。

　　但是要如何證明兩者的結果一樣呢？我們得先集中在常數上。假設 $(4+1)$ 的平方等於 $4^2+2\times4+1$，而驗算時，我們代入 4、代入 3、代入 8……在這些解集合裡，假設都會成立。要注意的是，不是只有代入數字時，等式才會

成立，多項式本身的加減乘除過程可想成是融合誕生一個新的數系。這就是所謂的代數過程。

　　說得更直白一點。現在普遍接受 2+3 的概念，但是在數的概念被人們所熟悉之前，要想說明多項式概念必須舉實例才行。比如說，2 顆蘋果加上 3 顆蘋果，總共有 5 顆蘋果；2 隻小狗加上 3 隻小狗，共有 5 隻小狗。

　　但假設我們要說明的概念是 2 顆蘋果加上 3 隻小狗呢？要怎麼解釋？那就得把具像化物體的概念進一步抽象，以 2+3 來說明，新的數系概念由此而生。

　　我不打算詳細說明這個新的數系。不過，我想問各位一個問題。一般來說，兩個多項式就能形成一個數系。下面我提供給各位幾個多項式，這幾個多項式包含了某種幾何概念，你們猜猜看是什麼幾何概念吧。

$$x = x^3 + xy^2$$
$$xy^4 + xy = x - 2x^3 + x^5 + xy$$
$$y^4 = 1 - 2x^2 + x^4$$

我們猜不出來，完全沒頭緒。

　　這問題有點難，是因為我故意寫得很複雜。其實，只要進行簡單運算，就會出現下面的多項式。

$$x^2 + y^2 = 1$$

這個多項式表現的是哪一種幾何概念，各位應該心裡
有數吧？

圓，半徑為 1 的圓。

是的。我反過來說明一次。上面的 x 和 y 多項式，
乍看之下，大家會誤以為是水平面函數。但是如果看成是
圓的多項式函數，那麼就會產生許多其他的方程式。圓的
多項式函數是 $x^2 + y^2 = 1$，除了會聯想到在平面上畫出的
圖形，還能聯想到圓的多項式數系。格羅滕迪克顛覆了這
個過程，揭示任意數系都能被回推，找出其表達的幾何概
念，舉例來說，一個能加減乘除的數系本身就能決定其表
現出的形體的樣貌。

另一個有助理解格羅滕迪克理論的就是「座標」。假
如把座標 *(1，1)* 代入 $x^2 + y^2 = 1$ 方程式，試問這個問題
的解是？

是 2。

(1，2) 呢？

會是 5。

這個多項式的變數 x 和 y 是平面座標函數。給予任一數系都能回推出該數字系統裡的座標多項式。這也是格羅滕迪克的主張。

儘管是很陌生的概念，但這個概念中，最抽象也是最重要的，就是整數數系 Z 決定的幾何概念，通常寫成這樣：

Spec（Z）

這叫做「整數環」，是非常原始的幾何表現法，也是數學最根本的構造，和圓的情況不一樣，打個比方，這一類的幾何就像用現代抽象魔術表現肉眼不可見的意識概念。

在 20 世紀之前，物理學的發展根植於古典幾何。古典幾何主張形體之間會相互作用，在形體所在的空間中，以幾何觀點去觀察形體移動的過程，但是現代物理學將幾何學想成是一種抽象概念，好比電影《駭客任務》中的虛擬空間。細窺微觀宇宙，就會發現相較於古典力學，量子力學多了許多的代數性質。因此，假如有一概念指出時間空間非連續性，既然時間空間非連續性，那要怎麼用幾何去表現這個概念？要表現此一概念所需要的方法是什麼？這個問題正是物理學者們苦思的課題。

所以老師才說幾何源自代數啊。數學中的代數抽象表現了我們難以想像的幾何。物理學是在數學的想像基礎上發展起來的，說數學建構了整個物理世界也不為過。

説明宇宙構造的代數數系並沒有數字系統那麼簡單。如今學術界仍為了研究量子力學或是弦理論的技術，努力不懈地挖掘複雜的代數結構。發掘出如同時空間的基礎核心概念，仍是今天最重要的科學課題之一。

結　語

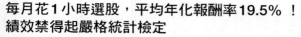

台灣廣廈 國際書版集團
Taiwan Mansion Cultural & Creative

BOOK GUIDE

2019 財經語言・冬季號 01

知・識・力・量・大

＊書籍定價以書本封底條碼為準

地址：中和區中山路2段359巷7號2樓
電話：02-2225-5777*310；105
傳真：02-2225-8052
Web：http://www.booknews.com.tw
E-mail：TaiwanMansion@booknews.com.tw
總代理：知遠文化事業有限公司
郵政劃撥：18788328
戶名：台灣廣廈有聲圖書有限公司

財經傳訊 幫你一手掌握「理財金融、工作趨勢、經營管理」新觀念

財經傳訊 幫你一次進入「人文殿堂、完美溝通、勵志人生」新概念

LA PRESS 語研學院 用最新的學習概念、高效學好外語

國際學村 最專業的英語學習書！暢銷外語學習書！

國際學村 日、韓檢定專業準備用書

前面提到物理學是否源自於數學，現在我們討論另一個問題：數學和自然的關係，也可以説是我們和數學的關係。這個問題不容易，問法可以長成這樣：「數學是發明還是發現？」

　　我們的第一直覺是發明。

　　近年來，有不少數學家也主張數學是發明。他們會做這種主張有各種原因，有些人強調數學的藝術面，也有些人堅稱數學是「創作活動」。總之，對數學家而言，數學是發明這一點絕對是一個熱門觀點。

　　一提起「發明」，我們就想到有些圖形，會用來表現在現實生活中不存在的東西。

　　物理學家羅傑‧潘洛斯（*Roger Penrose*）著作中闡述的三角形，就是不可能存在於現實生活的物體。有很多美術作品都是利用他的點子，代表性例子為畫家M.C.艾雪（*Maurits Cornelis Escher*）。潘洛斯對艾雪的畫作「潘洛斯三角（*Triangle*）」具有重大影響。實際上，在作畫過程中，這兩個人也有書信往來。這個三角形給人們帶來了

啟發，人們發現，若只看部分的潘洛斯三角，形似能在實際的物體上實現，但是當從整體角度去看，潘洛斯三角是不可能物體中的一種，簡言之，潘洛斯三角揭示了「不可能性」中含括了「宏觀不可能性」的概念。

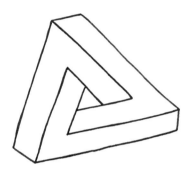

回到正題，我有必要稍微說明一下「數學是發明，還是發現？」的提問。這個世界上存在各式各樣的數學發明，這是無庸置疑的。但是，物理學、化學、生物等各種學術領域並無二致。所謂的學問指的是為了理解人類的形象而創造的文化產物，學問的研究和歷史、傳統、語言、習俗等一切都環環相扣，是故問題不應該針對數學這門學問，應該問的是「在數學中，學習到的東西是發明還是發現？」

這個問題的代表性對象就是數。數真實存在在世界上嗎？還是只是我們的發明？

我們的答案傾向發明。比方說，我們要說明「負數」，負數是原本存在的東西沒有了，或是為了還需要增加多

少，才能使某樣東西存在。

　　這是非常有力的想法。我們來看看類似的物理學問題。假如我們原本就知道「能量」這個詞彙。但說到底，能量是什麼？尤其是「位能」這類的重要概念，和負數的概念相仿，物體移動會產生位能，也會消磨位能，可是肉眼是絕對看不到位能的。比方說，如果我問大家貓是什麼？有沒有叫做貓的狗？

　　那我們就會思考，的確有一種特定形體被稱為貓，但是名為貓的分類真實存在嗎？

　　就是這樣。貓長得都差不多，不過狗和貓就長得不一樣，但是，要是被追問牠們哪裡不一樣，很難馬上回答吧。以此類推，如果問我們數真的存在嗎，我們可以談論我們所說的「一個、兩個」的數存不存在，但是很難回答為什麼我們可以數數。這裡，再追加一個更困難的問題。根據物理學，我們是用什麼組成的？

　　我們是由物質組成的，而物質由原子組成。

　　是的，沒錯。物理學提出物質由兩種粒子構成，分別是夸克和輕子，且夸克和輕子具有相同性質。這樣看來，在我們的認知裡，每個人都具有某種同一性，但是以現代物理學的立場來說，我們只是擁有不同排列方式的物質，甚至更依據不同的排列方式，可能變成這種人，也可能變

成那種人。

我們好像可以猜到接下來的問題了。排列究竟是否真實存在？老師是不是想問這個？

被你們猜中了。因為我們經常思考這一類的問題，不是嗎？昨天的我和今天的我是同一個人還是不同人？

人文學者通常會回答，即使肉體一樣，但由於經歷過的事情和關係起了變化，昨天的我和今天的我當然是不同的存在。儘管肉體不變，可是今天的我和昨天的我是截然不同的。

可是，數學學者會這樣回答，昨天的我是金民亨，今天的我還是金民亨。隨著歲月流逝，年歲增長，60 歲的金民亨和 20 歲的金民亨當然會不同。可是，「有許多強烈持續的面」，從定量層面來看，今天的我和昨天的我比較，還有和其他人做比較的時候，今天的我和昨天的我絕對擁有更多持續和類似的地方，儘管很難明確闡述什麼是金民亨的一致性。所謂的「存在於這個世界上」看似理所當然的話，其實很難解釋清楚。

回到一開始的問題吧。老師您好像對於「數學是發明」抱持批判的態度。

值得注意的是，數學「是發明」這類的主張，和數學

「是語言之一」、「是空想之下的產物」這類的主張有天壤之別。在日常生活中，當我們提及「發明品」的時候，會聯想到什麼東西？會想到電子產品和道具等各種機械，對吧？可是，這些東西實際存在於世界上嗎？還是說只是虛無飄渺的幻想？發明品指的是從自然裡取材後加工生產的真正物品。所以按邏輯來說，雖然有「語言或思想→發明」，但不會有「發明→語言或空想」。發明並不是指不存在這個世界。

數學也有很多類似的概念，許多數系就是這樣。依我來看，數學有自然存在的整數、實數系、複數系和其他的運算方式，也有像是機器一樣，只存在 0 和 1 的 100 單位數系。所以我認為數學可區分為三大結構：

1. 自然存在的結構。
2. 像是機器一樣的發明結構。
3. 空想或語言。

要準確分類這三種結構當然有難度，但我還是簡單列出一些例子供各位參考：「位相」、「群」和「向量」是第一類；「有限大的數系」和「腦神經網路」是第二類；隸屬第三類的數學概念不多，很難想到，加上我怕寫在這本書裡，同為數學家的同事們會罵我，在這就不提第三類數學了。

請私下告訴我們吧。

　　學者們除了主張數學是語言和空想之外，「數學是邏輯」的主張也歷時許久。但是不只數學是邏輯學，大部分的學術領域都會用到邏輯，所以這個主張已經受到諸多批判。有趣的是，有很多數學家自己也表明數學等於邏輯的觀點，和自身經驗完全是背道而馳。在打破數學系學生們的偏見時，我會故意提這件事。

　　為什麼數學家們會有這種偏見？

　　也許是對於「數學必須準確」的執著所導致的吧。這當然是個謬誤。我想強調，「準確」對數學來說沒那麼重要。

　　意思是，數學錯了也沒關係？

　　為了不犯錯，個人或群體都要努力採用嚴密的標準，不該使用錯誤的邏輯，這一點也適用於文學上。話雖如此，可是學術往往是接近真理的過程，發現錯誤時進行校正，不是什麼大問題，如同機器出現異常，進行修復改善就行了。但如果認為數學是一種先驗知識，十有八九會誤會數學只要出現一點瑕疵，就會完蛋。這是執著於「準確的學問」而出現的一種幻想，其實，世界上哪有事情是準確的？

　　也有些人會問什麼是數學證明，誤以為數學證明是一種特別的思維，而從公理出發，單純使用邏輯得出結論的

學問就是數學。但是，就跟我前面強調過的一樣，研究學問時，會使用公理假說，進而得出有邏輯的結論，那是一種工具。實際上，數學家研究數學的時候，大多處於不知道公理是什麼的情況，例如皮亞諾公理（*Peano*）和公理化集合論被哲學家認為是以數學為核心的理論，但我周遭沒有任何數學學者會這樣想，他們頂多說「似乎聽過」這個說法。

一般而言，在進行數學思維的時候，幾乎不知道要學習的結構的性質和具體的公理，哪怕在思索公理時，最重要的提問也是「哪一個公理是合適的？」因為值得被稱為數學公理的和被大多數物理學者叫作「理論」的東西差不多，兩者都揭示了自然模式。

大家試著回答這個問題吧。新的數學研究論文要能被刊載在期刊上，要滿足哪三個條件呢？

第一，應該是過往沒出現過的內容；第二，是不是「必須是正確的理論」？

這兩個都說對了，前兩項都是必須條件。問題在第三個條件。

從一路聊下來的內容，大概能猜出第三個條件是什麼。是不是「必須是有意義的提問」？

是的。這是最重要的條件。因為提問要有意義，才能判斷結果有沒有意義。

基於此意義，數學試驗扮演著非常重要的角色。因為有許多研究主題源自數學試驗，代表性例子有黎曼猜想（*Riemann hypothesis*），它是在高斯和黎曼教授研究質數分布模式時誕生的。出現了這種命題：「位相和球體相同的多面體的尤拉數永遠為 *2*」，我們已經提過這是一個假說，但是在知道這件事之前，遇到了這個假說該怎麼做？當然是把這個形體算一算，把那個形體也算一算。

數學研究和物理學一樣，數學發展的重心就是觀察反覆模式之後，進行建立假說的試驗過程。再加上，相較於生活在 *19* 世紀的高斯和黎曼，現在有了電腦，輕而易舉就能計算驚人的數據，所以數學試驗變得更加重要。

從前報紙上登了一個有趣的智力測驗。測驗中給了幾個數字，讓受測者猜一猜這些數隱含的規律。比如說，給了數字「*2、4、8*」，請人們猜出它的規律，在輸入這個測驗的最終解答之前，不限制試驗次數。多輸入幾個數字，就能夠確定是否滿足該規律。來，通常會怎麼做？受測者下意識會想到這三個數字是乘以 *2* 的等比數列，因此，為了驗證自己的假說正確，進一步輸入「*3、6、12*」、「*5、10、20*」和「*7、14、28*」。而機器每次都回答 *Yes*。幾次 *Yes* 之後，受測者就確定了這是個乘以 *2* 的等比數列，於是輸入最終答案。可是，這並不是正確答

案。正確答案是「遞增數列」，很讓人洩氣吧。要答對問題，我們從一開始就要先輸入和假說不同的試驗答案，輸入「1、2、3」，也要試著輸入「51、100、777」，才能確保能找出正確答案。

原來要輸入能反證假說的數列才行。

是的。這個智力測驗的重點就是透過 No 的答案，找出實際規律，如果總是得到 Yes 的答案，就會頻繁出現謬誤。意思是，我們反而需要多次的驗證才能設立假說，這是這個問題的陷阱。為什麼人們不太進行多次驗證，有各種原因，其中之一是「討厭出錯，於是按自己認為正確的模式輸入數列」。討厭錯誤的試驗答案，所以也得出了錯誤的結論，然而驗證就是要努力找出不對的地方。在研究數學時，用這種方式接近正確答案是很重要的。

希望自己是正確的，這一點數學家的心態和小學生一樣呢。

當然囉。因此，想要有出色的數學能力，特別是創意範疇的數學，在設立假說的時候，要努力找出錯誤的可能性，試圖推翻自己的假說。如果不這樣，在不知不覺中會創造出錯誤百出的機器。

數學不是找出正確答案，而是創造人類尋求答案的過程中，明確清楚的過程。還記得我們最初的提問嗎？「數

學是什麼？」想回答這個問題的學生數不會增加，因為要
回答這個問題依然很難，不過起碼我們正在感受著數學和
數學思維，探討得更深，想法也變得更多。最重要的是，
數學不像特定的邏輯學，也不是符號學，而是幫助我們理
解這個世界，進而闡述這個世界的方式。

　　即便是日常生活的問題，比起快速找到正確答案，先
提出好的提問時，我也認為那就是數學思維。藉由數學思
考，我們可以確認自己提出的問題好不好，找出的答案有
沒有意義。

特　講

理解沒有數的數學

問「數學是什麼？」的時候，最先浮現的是不是「數字」？嚴格來說，數字和數並不相同。

　　哪裡不同？有不是數字的數嗎？

　　我們先想一下數字是什麼。我們使用眾多標記方法來指稱數，像是阿拉伯數字的 1、2、3，或是國字的一二三，又或是羅馬數字的 I、II、III。「樹木」和「$Tree$」都是指稱樹木的語言，而非樹木的實體。這也可說是數和數字的差異，以及「數字」和「數學的語言」的差異。

　　這麼一說，好像很有道理。那麼「數」本身究竟是什麼呢？

　　被問到「x 是多少時」總是很難給出的答案，而被問到「貓是什麼」的時候，不同的個體會有不同的認知，所以會給出多種答案。要準確回答貓是什麼，其實並不容易，因為這些概念是在漫長的歷史長河裡形成的，也或許是因為人們慣用數學作為定義其他物體的基本概念，要反過來去定義它並不容易。

　　物理學世界觀認為粒子構成了整個宇宙，並且利用數學去定義粒子、粒子狀態及相互作用，在這種定義之下，可以把數學概念看成「基本粒子」。要闡述某一種概念時，會問它是由什麼數學概念構成的，又或者如何勾勒數學的未來藍圖，藉此定義其概念。在數學中，有很多未能被分類的原始概念，因此，相較於其他領域，數學攬括了非常多的高難度定義。

　　解釋數學如此困難，相形之下，解釋數就簡單得多。數是「實現數系的元素之一」。

　　數系是什麼？要理解這個概念好像更難。

　　覺得難很正常。因為要定義某個物體，就得利用它的相關系統。無論哪種個體，都得通過它與其他個體相互作用才能定義它本身。看似複雜，不過只要想成個人和社會的關係，就不會覺得陌生。

　　我們透過例子來探究此一想法。以下有幾個多項式：
a+a=a
a+b=b
b+b=c
c+b=d
c+c=e
c+d=f
d+d=a

試用上面的多項式進行解題，$b+b+b$ 是多少？

$b+b=c$，所以 $b+b+b$ 跟 $c+b$ 是一樣的，答案是 d。

沒錯。那麼 $b+b+c$ 又是多少？

$b+b$ 等於 c，所以 $c+c=e$。

由此情況看來，數和數字的差別，一目了然。在這裡，我們運算的時候並沒有使用任何數字，而是自然而然地使用了某種原理。即使沒規定要先算哪一個，也很自然地算完前面的 $b+b=c$，再代入後面的 $c+b=d$。觀察以上運算過程，我們的運算方式和在 $b+b+b$ 之中，加入一個括弧 $(b+b)+b$ 並無二致。如果把括弧放到其他地方，會變成怎樣呢？會變成 $b+(b+b)=b+c$，那麼 $b+c$ 是多少？

嗯……d？

為什麼回答 d 的時候會猶豫？

因為上面的多項式順序不一樣了，我們不確定 $b+c$ 和 $c+b$ 一不一樣。

非常好的疑惑！$c+b$ 和 $b+c$ 不同的只有順序。我們計算的時候，即便調換順序也不會影響答案，但是在這裡我們是用文字計算，而非數字，於是產生了是不是能套用

- 189 -

數字運算的方式。如果我先提出「$b+c=d$」，也許你們就能毫不遲疑地作答。通常會這麼說：

x, y 所有解滿足 x+y=y+x

有這項規則就能任意更改順序。使這個多項式得以成立的演算性質叫做什麼？

我們學過，是「交換律」。

沒錯。通常運算數的時候，會先假定交換律的存在。在一般的自然數系裡，先計算哪一個數都無所謂，先計算 $1+2$ 再加上 3 的結果，和先計算 $2+3$ 再加上 1 的結果是一樣的。不過現在進行的不是數字運算，而是符號運算，感覺就會不同，不僅是文字的順序，就連演算順序也很模糊不清。其實，要運算 $b+b+b$ 的時候，如果不說清楚要先計算的部分，答案就沒那麼絕對，並沒有事先說明要計算 $(b+b)+b$ 或是 $b+(b+b)$。前者答案是 $c+b$，後者是 $b+c$。由這可看出運算順序極為重要。

交換律意指「計算數和算式的時候，即便改變運算順序也不改變最終結果」的法則，這是定義運算時，必須被考慮到的最基本法則之一。而廣為人知的交換律多項式的例子為：

(1) (A+B)+C=A+(B+C)

套用到更長的多項式也成立。在假定了交換律之後，再去計算 $A+B+C+D$ 的例子為：

$((A + B) + C + D) , (A + (B + C)) + D , A + (B + C) + D ,$
$(A+C)+(B+D)\cdots\cdots$

無論如何運算這一個多項式都會得到相同的結果。只需假定等式（ 1 ），就能不費吹灰之力得出相同的運算結果。

但是，第一次看到的 a, b, c, d, e, f，在運算的時候也能假定交換律的存在嗎？

你覺得呢？會假定還是不會假定？

目前得到的情報還太少。剛才您問 $b+c$ 是多少，還沒有給我們答案。

就是這樣子。運算是無法澈底定義的，在獲得更多的情報之前，是不可預測的。

接著，我們來製作一張更詳細的運算表。

[運算1]

+	a	b	c	d	e	f
a	a	b	c	d	e	f
b	b	c	d	e	f	a
c	c	d	e	f	a	b
d	d	e	f	a	b	c
e	e	f	a	b	c	d
f	f	a	b	c	d	e

現在如何？一眼就看得出來先假定了交換律吧，沿著對角線出現了對稱交換律。透過這張表，我們得知不管是計算 $(b+b)+b$ 或是 $b+(b+b)$，$b+b+b$ 的最終結果都一樣。要不要確認一下其他的情況？如果是 $(c+d)+e$ 和 $c+(d+e)$ 呢？

根據運算表 $c+d=f$，因此前者是 $f+e$，最終結果為 d。可是 $d+e$ 等於 b，所以後者是 $c+b$，由此得知，最終結果也是 d。證實了這個例子下的交換律也成立。不過要一一確認所有情況，既費時又費力。

就算給了表也很難確認所有情況。這次就由我來保證，這個運算表的交換律是成立的。大家不覺得這張表只是把一般加法數字替換成英文數字而已嗎？還有，不覺得 a 的性質相近於 0？而 b 又相近於 1？

b 好像不是 *1*，因為 *b+f=a*。若 *a* 是 *0*，*b* 是 *1*，那麼 *f* 就得是 *-1*，總覺得對不起來。其次，如果 *d+d=a*，*d* 也應該為 *0*，不是嗎？可是觀察這張表的其他部分，*d* 不可能是 *0*。

　　各位已經習慣從數學邏輯出發，其實不能用這張表進行加法運算的理由很簡單，只要試著做幾次加法就能領會。大家想一想 *0*、*1*、*2*、*3*、*4*、*5* 的加法，是不是馬上就發現前面的運算表突出之處。

　　加法結果不超過 *6* 種解。像是 *1+5=6*、*3+4=7*。

　　沒錯。通常用 *6* 個數進行加法運算，結果不會逾越這些數本身的結合。除了 *0*，自然數之間進行加法運算，會出現無盡的數，所以我們定義的運算應該稱為「有限數系」，指的是在有限的元素中，元素自行運算的系統。

　　是不是有非常多有限數系？

　　為了回答這個問題，要更小心定義「數系」才行。我們先來看幾個運算例子。

[運算2]

+	c	e	a	d	b	f
c	c	e	a	d	b	f
e	e	a	d	b	f	c
a	a	d	b	f	c	e
d	d	b	f	c	e	a
b	b	f	c	e	a	d
f	f	c	e	a	d	b

大家覺得這個怎麼樣？

和前面那張表感覺差不多。[運算1]的 $a+d$ 得 d，這裡變成了 f。

就是這樣。一樣是文字運算，但結果卻大相逕庭。不過是哪一方面讓你們覺得和前面的表差不多？

「結構」極為類似。

非常敏銳。雖然「結構」這個詞彙非常適合現在這種情況，但這問題仍然很難回答，我們必須先理解什麼叫作結構類似或是相同。結構主義者李維史陀（*Lévi-Strauss*）將人文科學加以分類時，有著準確不已的直觀，現在的情況和李維史陀表示神話具有雙層結構是一樣的意義，假如替換了建構神話的要因，其中表現重要性質之物必互相聯繫。

我們找出了兩張表的相關聯繫，僅調換了 a 和 c、b 和 e。

說得沒錯。透過這種表現，會讓人更明白何謂「結構類似」。

[運算3]

這張表呢？覺得如何？

a, b, c 之間的運算非常像[運算1]……原來不一樣啊，有幾個數很巧妙地調換了。

這次一樣要留心「結構」。[運算1]和[運算2]相比之下，不覺得對稱性降低了嗎？試算 $d+e$ 會是多少？

是 b。但是如果改變運算順序，$e+d=c$，則交換律不成立。

　　這是由於結構差異，不會因為改變字連交換律也一併消失。至於結合律呢？找一個例子試著檢驗看看？用不同的順序計算 $b+d+f$。

(b+d)+f=f+f=a
b+(d+f)=b+c=a

　　由此可知，$(b+d)+f=b+(d+f)$ 兩個等式成立。哪怕要檢驗的是最常見的例子，像是 $(x+y)+z$ 和 $x+(y+z)$ 有相同的最終結果，是不是也不簡單？結合律總是有點難度。

　　在驗證過程中，會不會出現結合律不成立的運算呢？

　　你們覺得呢？利用空的運算表可以求出答案。

+	a	b	c	d	e	f
a						
b						
c						
d						
e						
f						

　　把 6 個元素填入這張表的過程正是在定義運算。隨便填，運算法則也會成立，但是，任意填入的元素的交換律

是否成立呢？我們來親自驗證。

在大自然造物中，我們時常會發現水晶或球之類的奇特圖案，是兩種物體起了化學作用才得出的結果，有時可以被視為是生命，有時又只是普通的無機物質。在自然裡也很容易發現獨特的對稱性。可是，如果我們是湊巧發現這張圖的呢？如果是在火星上發現的呢？如果發現表上有 6 個符號各自縱橫成行，認為這是一張運算表，確認之後結合律也成立，那麼大家會有什麼想法？

我們會懷疑是高智商的外星人的傑作，因為大自然中不可能發生這種事。

就是這樣，在運算裡能成立結合律的情況少之又少，無論如何定義，都難以滿足。交換律是根據嚴格的限制條件，有結構的運算方式。

您說自然數的世界會成立交換律，可是要做交換律表又很困難。這種說法讓我們的好奇心又發作了。究竟我們所認為的自然數，在數的世界有什麼樣的地位？

為了滿足大家的好奇，接下來得更準確地闡述數系才行。我們一樣從例子看起，一個集合中有三個元素，分別是 {M, J, B}，並且有兩種運算方式。

+	M	J	B
M	M	J	B
J	J	B	M
B	B	M	J

X	M	J	B
M	M	M	M
J	M	J	B
B	M	B	J

剛才沒有定義這麼多運算方式，是不是要寫成多項式 1、多項式 2……？

是的。不過現在兩個多項式的關係更為密切。用肉眼就能看出兩個多項式有著不同的結構吧？

是的。在第二個多項式中，有一列和一排只有 M 出現。＋和 × 區分了兩個多項式。

就是這樣。第一個多項式和加法運算差不多，而第二個多項式和乘法差不多。

這樣看來，M 和 J 是不是分別為 0 和 1？

你們是不是覺得在運算過程中，它們就是負責 0 和 1 的角色？你們沒看錯，M 是「結構上的 0」，J 是「結構上的 1」。在加法運算表裡也能發現 M 和 0 有一樣的性質。那麼，B 是什麼？

不清楚。如果 $B \times B = J$，那或許是 2，但不確定。

是的，$B+J=0$ 也成立。如果我說 $B=-1$，大家覺得怎樣？

能解釋 $B \times B = J$（$=1$），但無法解釋 $J+J=B$。

的確是這樣。由此可知，B 同時兼具結構上的 2 和 -1 的性質，也就是說，普通數無法滿足它的性質。我們換個角度看吧？有限個數的自然數是封閉的運算模式。通常進行幾個數的演算，最終結果不會生成新數，不是嗎？因此，第二個多項式定義了不同的新數系。

前面替大家說明了數系的定義。在此補充幾句，在運算中，得到了兩個運算元，一個和加法性質相似，另一個和乘法性質相似，則「數系」就是成立適用於兩者之間的關係，而數系內的元素就叫「數」。

所以說，關鍵在於數系的存在與否，數的特別個體是否存在並不重要。

是的，就像我們看到的一樣，數系的元素的標示文字並不重要，因為重要的是數系本身的「結構」，個別元素是什麼不重要。M，J，B 的代號系統，其實就是我們現在對話的人的姓氏縮寫，是我們三人的集合，完全不影響到運算的定義。

　　我們再回頭想想運算。通常人們學數學的時候，最先學的就是加法和乘法，透過觀察眾多數系內的運算方式，我們會發現元素和元素之間也存在特別的關係。那麼，加法和乘法的差別是什麼？真要回答這個問題卻說不出來，是吧？我們慢慢探究下去。

　　首先，必須存在 0 和 1 兩個結構元素。在加法和乘法中所有的 X 元素都具備 $0+X=X$，$1×X=X$ 的性質，因此 0 是「加法的單位元」，而 1 是「乘法的單位元」。我們先前觀察出 $\{M, J, B\}$ 系統中，M 近似 0，J 近似 1，代入乘法表中 $0×X=0$ 的多項式必然成立。由於加法單位元 0 和乘法單位元 1 的性質迥異，所以我們才能區分出加法和乘法的差別。目前我還沒提到這兩者更重要的差別，即性質，就先看出了加法和乘法的關係。其實我們從 $0×0=0$ 也可以看出兩者的關係。

　　您說兩種運算方式有著緊密的關係。

　　是的。那正是「分配律」。所有的 X、Y、Z 都滿足 $X×(Y+Z)=X×Y+X×Z$。

　　$\{M, J, B\}$ 數系也能滿足嗎？

　　可以。這個不難驗證，你們試著檢視一兩個例子。

　　剛才我說結合律是很難滿足的性質，不過分配律的

難度更高。定義兩個運算方式之餘，還得維持兩者之間的特殊關係。縱使掰著手指細數，也數不出有哪兩種運算方式能滿足這個條件。儘管如此，分配律能清楚辨別加法和乘法的差別，是因為 $X\times(Y+Z)=X\times Y+X\times Z$ 能成立，可是 $X+(Y\times Z)=(X+Y)\times(X+Z)$ 無法成立，套用一般常數也一樣。雖然 $3\times(4+5)=3\times4+3\times5$，但 $3+(4\times5)$ 跟 $(3+4)\times(3+5)$ 截然不同。由此可見，加法和乘法貌似相同，但兩者相互作用之後會生成不同的結果，可藉此定義數系的結構。

我們現在好像懂了什麼是數系。可是我們要怎麼設計 {M, J, B} 數系，才能使它滿足那麼多的限制條件？

雖然不是我創造的，不過數學傳統裡有這種系統，看起來很像一般的標記法。

+	0	1	2
0	0	1	2
1	1	2	0
2	2	0	1

×	0	1	2
0	0	0	0
1	0	1	2
2	0	2	1

您不是說 B 不是 2 嗎？

我是說過，標記結構不重要，但是這樣能幫助記住數系的元素性質。由於 B 具備了眾多 2 的性質，儘管它

不是自然數 2，但很多標記法都會用 2 替代。此外，本來就有能自然分析 2 的方法，也就是所謂的「模算數」。0、1、2 除以 3 的時候會有餘。因此，在進行運算時，會先進行一般的運算，再把得出的結果除以 3，取最後的餘數。比方說，$2 \times 2 = 4$，接著除以 3，得餘數 1，是以建立 $2 \times 2 = 1$ 的運算系統。用這種觀點驗證我們想要的性質，相對簡單。

有其他種模算數嗎？有沒有模算數是取 4 除以 5 的餘數？

有。任意自然數 n 除以 n 之後，可以創建出有 n 個元素的數系。假如 n 是 10，則元素為 $0,1,2,3,4,5,6,7,8,9$，計算方式是 $9+9=8$，$9 \times 9=1$；在 n 是 2 的情況下更簡單，這個數系為 $0, 1$，計算方式是 $0+1=1, 1+1=0, 1 \times 1=1$。以此類推，集合是 $0, 1 \cdots \cdots n-1$，運算方式稱為對 n 取模。比方說，剛才學過的 [運算 1]、[運算 2] 其實就是對 6 取模的加法。

您好像提過這是有限數系的概念，除了模算數系之外，還有其他的有限數系嗎？

非常多。我再總結一次，世界上所有的一切都能成為數，可是要使它們成為數，就得先建立運算法則，才能創建數系。是不是聽起來很抽象？不過數系是無限的，有各式各樣的數系。

您說必須有滿足嚴謹假說的運算法則，才能創建一個數系。反之，故意不建立運算法則，這個數系就很難自然存在。聽起來非常像拼拼圖，數系為什麼那麼重要？

如果多舉幾個數系的例子，好像就能回答這個問題。在我們的時代，最驚人的數學應用當屬運用在資訊處理範疇的有限數系。有時，我深信這是學術領域之幸。原先開發這些概念的目的單純為了學術之用，現在說不定搖身一變，變成最廣泛運用的數學概念。我在美國大學任教時，教了這門課五年，有越來越多的理工科學生會特地跑來聽數系。

用一個奇怪的提問繼續下面的談論吧。下面這個單字是什麼意思？

Communacation.

是不是打錯了？字典裡沒有 *communacation* 這個字。好像把 *communication* 的 *i* 打成 *a* 了。

各位看到錯誤的單詞，馬上就能發現錯在哪裡、原本的語意是什麼。剛才我們做的事情不只是自動偵錯，還順帶做了自動改正作業，這是資訊論的基礎之一。自動偵錯和校正，正是 1940 年代資訊學家克勞德夏農（*Claude Shannon*）所創始的。由於我們已知 *communication* 這個單字，所以會知道 *communacation* 是錯的，也自然而然能

偵錯。萬一話者原本想傳達的單字是「*Communication*」，但誤傳成「*Communitioon*」，還能猜出他原本的語意嗎？

不行。前面是因為只打錯一個字，唯一和錯字長得像的單字只有 *communication*，先認得這個單字才可能發現錯誤。

這就是重點。觀測到不是已知單詞，且與出錯單字的相近詞只有一個，才得以進行校正。之所以能輕鬆觀察英文單字，並且校正，是因為有意義的單字正好夾在無意義的單字之間，重要的是，周遭有太多無意義的單字。只使用有意義的單字雖然很有效率，但就算效率變低，在我們進行的作業裡也能派上用場。這也就是資訊論的基礎。

適當地在無意義的單字裡，加入有意義的單字，非常重要。無論是運用符號，或是與人溝通，單字的長度相較於已知的單字，已知單字佔據了整體的多少比重，稱為「資訊比率」。資訊比率介於 $0 \sim 1$ 之間，從一無所知，到 100% 掌握情報。

能拼出多少五個字母的英文單字？如果不給限制條件，也不考慮單字的意義，大概可以拼出 26^5 個，約 1200 萬個。然而，翻字典會發現，包含冷僻生詞，五個字母的英文單字不超過 15000 個。最初發明字母時，利用了三個字母，我們創造出有意義的 $26^3=17576$ 個單詞，那為什

麼五個字母，反而只創造了 *15000* 個？五個字母的英文單詞的資訊比率大約是五分之三，有意義的單字不超過 *15000* 個。儘管如此，字元長度扮演了人類語言為了處理資訊問題而進化的重要角色，再重複一遍，語言本身也是透過對話的偵錯和校正才創造出來的。

透過以下簡單的例子，讓大家更進一步了解這個原理。假設要傳達的訊息是 *0* 或 *1*。有人看到商品情報，必須回復簡訊「喜歡（*1*）」或是「不喜歡（*0*）」。可是回傳的過程中發生錯誤的話，對方卻無從得知。為了預防傳送出錯，應該要制定什麼對策？有一個方法是利用訊息重複性，利用回傳 *11* 和 *00*，替代原本的 *1* 和 *0*，這叫做「循環指令」（*repeat code*），像這樣循環發送的訊息內容，如果有一個字不一樣，像是收到 *10*、*01*，馬上就能偵測到錯誤，並且要求再次回傳訊息。那麼，這種循環方式的資訊比率是多少呢？

是不是二分之一？

沒錯。編碼長度看似是 *2* 個字元，但實際上的編碼長度只有 *1* 個字元，所以資訊比率是二分之一。在此，*00*、*11* 是「有意義的單字」，*01*、*10* 則無意義。資訊比率的準確定義就是直觀定量。不過這種指令是可以改善的，不是反覆一次，而是反覆兩次，回傳若變成 *111*、*000*，這麼一來，改善的地方是什麼？

即使發生兩個錯誤，也能發現。

沒錯。哪怕出現了一個錯誤，收信方，或是收信端電腦也能親自校正。如果收到了錯誤的訊息 *010*，也能自動轉換成最相近的正確訊息 *000*。當然，也有可能會出錯。

如果原本要傳送 *111*，卻送出有兩個錯誤的訊息 *010*，那就不能自動校正了。

的確如此，但也比只傳送兩個字元長度好得多。準確來說，兩個字元編碼雖能偵測出一個字元出了錯，但進行不了校正。雖然曉得收到錯誤訊息 *01*，可是判斷不出原本的正確訊息是 *00* 還是 *11*。相較之下，三個字元長度能偵測出兩個字元出錯，當只錯了一個字元時還能立刻校正。然而，像是把 *000* 誤發成 *111*，三個字元全都錯時就檢查不出來。相反的，三個字元長度比起兩個字元長度的缺點是什麼？

資訊比率降為三分之一？

沒錯。因此送信者需要花更多的能量，雖然重複次數愈多，處理錯誤的能力愈強，但字元長度增加的同時，資訊比率也會下降。

這和在日常生活中，有人老是重複相同的話，就得再三確認對方的意思一樣。

我們在註冊網路帳戶的時候，設定密碼的過程，其實就是日常生活中使用重複指令的實例。輸入一次密碼之後，下面一定會出現「再次確認」按鍵，假使兩個密碼不一致，就要求重新輸入，這就是重複指令。

說了這麼多，大家應該都察覺了，大部分的 3C 產品，像是手機、電腦、銀行等都會自動偵錯、校正，因此如果傳送端要傳遞訊息，就會先將該訊息內容適當地替換成符號，經過無線網路或是電訊等通訊頻道傳送，當接收端收到符號時，再次轉換成能理解的訊息。我再說一次，訊息符號化之後傳出去，再重新解成有意義的符號，這個過程就叫編碼（*encoding*）和解碼（*decoding*）。

經過這些過程非常沒效率，為什麼要把訊息編碼？

把自然情報轉換成電腦語言就是最基本的編碼解碼的過程。我們一般書寫的訊息包括了語言、圖片和聲音，必須先把它們轉換成由 0 和 1 組成的電腦語言。

為什麼電腦只用 0 和 1？

有許多理由，最根本的原因是它是半導體，簡單地說，由於半導體只有通過電流和不通過電流這兩種狀態，因此用 0 和 1 來表示。電腦儲存訊息之後加以處理的時候，必須協調那無數的半導體，這正是為什麼我們認為電

腦使用的是 0 和 1 的語言。可是單純使用 0 和 1 是不夠的，尚需編碼和解碼，這是由於編碼和解碼的過程實際上大大提升偵錯和校對的效率。

原來有很多隱晦的情報，即使出了錯，也能藉由編碼偵錯校正。但是這種過程和數系有什麼關係？

問得沒錯，這就是神奇之處。把只使用 0 和 1 的最基本的電腦語言，想成是一種數系即可。

老師前面提過數系是可以運算的。但這裡只用了 0 和 1 表達半導體狀態，和運算好像八竿子打不著關係？

你們點出了關鍵。總歸而言，電腦語言是可運算的。我們先來複習導入元素的數系。

0+0=0
0+1=1
1+1=0

如果給了這些加法多項式，要進行減法就毫無問題，理解 1–0=1, 0–0=0, 1–1=0 更是易如反掌。利用上述算式，0–1 會是多少？

把 1–1=0 算式中，左邊的 1 交換到右邊，就會變成 -1。因為這個數系只由 0 和 1 組成，所以答案是 1。

我再補充一點。在數系中，問 $x-y$ 等於多少，事實上就是在問 y 要加多少才能成為 x，比如說，在自然數中，問 $7-2$ 的時候，因為 $5+2=7$，所以答案就是 5。不過，在自然數的範圍裡，沒有數加 1 之後會得出 0。要想解答這一個問題就得擴大數系，由自然數擴大到整數系，整數包括 -1。在由 0 和 1 組成的數系中，由於 $1+1=0$，是以 $0-1=1$。

老師剛才還提過數系中，也要能執行乘法運算。

我們能自然地得出 $0\times0=1, 0\times1=1\times0=0, 1\times1=1$ 的乘法運算，其實這就是前面說過的對 2 取模。此時，是否實現了一個數系？當然是。依據滿足了加法和乘法範疇所有結合率等各種運算法則，因此分配律也成立了。

剛才我談整數系，選用了自然數「擴大」一詞。在創建新的數系時，經常是由既有的數系擴大為新數系。自然數能擴大成整數數系，同樣地也能擴大到有理數、實數和負整數，於是，在談論資訊的時候，用 0 和 1 組成的單字位元的增加也是理所應當的，不是嗎？

是因為由 0 和 1 組成的電腦語言單字都比較長嗎？

是的，不過長度變長，執行加法運算時變得更流暢。$111+101$ 等於多少？

　　用原本算加法的方式算就可以了嗎？把相同數位對齊，從個位開始，一位一位相加？

```
   111
 +101
 ─────
   010
```

　　就算增加了位數，也不影響到升冪和降冪的處理，只要位元相加就可以，的確簡單多了。

　　加法的準確定義就是這樣。這才叫做自然的加法。位數增加也能進行減法運算 $-x=x$，並且能簡單確認 $x-y=x+y$。

　　不過當這些包含了資訊的數字加和減的時候，有何意義？

　　事實上，不管加或減都沒什麼意義。不過資訊論的觀點不一樣，這稱為「資訊的對數」，資訊的加減其意義，我們來看一下是怎麼一回事。舉例來說，我們要使用最簡單，但會增加位數的循環指令傳遞下面三個符號。原本六位元會增加成七位元。

　　101111 111111 110001

會轉換成：

1011111**1** 1111110 1100001**1**

這樣一來，資訊比率會下降成七分之六。為了不讓資訊比率變成 1，編碼之後，資訊比率稍微下降。把上面的數次替換成下面的數字，哪裡變得不一樣？

最後面追加的數字都不一樣。前面的六位數照用，後面依照某一種規則加上了 0 或是 1。不過，我們不曉得那個規則是什麼。

為了求各位數的總和，所以可以在最後位元追加一個數，把六位元替換成七位元，把位元總和變成 0。像這樣在位元的最後追加一個數的方法，叫做同位檢查（*parity check bit*）。我們假定只有在七位元的位元總和為 0 時，才是「有意義的單字」。

比方說，我們想要傳送 *101111* 這個數，一不小心中間出了錯，誤傳成 *100111*，但是全部的六位元都是有意義的單字，那就不可能偵測到出錯的事實了，對吧？因此我們在最初編碼的時候，必須在後面補上一個檢查位元，變成七位元。

1011111

　　那麼這個數的傳送過程中，要是變成了 *1001111*，接收端偵測自己收到的位元總合變成 *1*，就知道發生錯誤了。

　　這個原理大多運用在條碼掃條器上，條碼按照長度和寬度，用以表達一組數。當掃碼的時候，發出「嗶」聲，表示位元總和不是 *0*，那麼使用者就必須再次掃描。這種編碼方式雖然不具錯誤修正能力，但是可以偵錯，這種編碼方式便是一種偵錯機制。

　　透過上面討論之後，我們了解編碼方式限制資訊比率在一定的比率之下，以及偵錯和校正的過程。

　　我們粗略了解如何運用數系進行資訊處理。不過，要怎麼定義位元數的乘法呢？

　　乘法沒定義好就無法稱為一個數系。我們來定義二位元數的乘法。

X	00	01	10	11
00	00	00	00	00
01	00	01	10	11
10	00	10	11	01
11	00	11	01	10

這張乘法表只有 *0* 和 *1* 的二進位數，同時整理了 *00*、*01*、*11*、*10* 四種人工答案。如大家所知，*00* 代表 *0*，*01* 代表 *1*，但是並不知道 *10* 和 *11* 各自代表什麼意思。這和我們熟悉的加法和乘法運算沒有不一樣，每個數之間都能各自加乘。現在我們建構好乘法運算的同時，也建構好了一個有限數系。

這次可以滿足所有的數系性質了吧？

既然我用數系來表示，也就是說，可以保證能建構出一個數系。不過很難光看表來下判斷。我們用一個例子來驗證乘法結合律？算看看 *10×11×11*。計算完 *10×11=01* 之後，接著計算 *01×11=11* 就可以求出解。來，假如調換順序，先計算 *11×11*，會變成怎樣？

11×11=10，再乘以前面的 *10*，得到 *10×10=11*，因此可以確定 *(10×11)×11=10×(11×11)*。考慮到分配律是否也適用於加法的情況，需要花的時間更久。

在這張用四個有限數系做出來的加法表還有另一個有趣的性質，我們透過問題來看一下有趣的地方。*11÷10* 是多少？

除法也適用這張表嗎？

很好奇，對吧？來整理一下除法的概念。要怎麼用乘法表現 $A \div B = C$？也就是 $C \times B = A$。

啊，以此類推，求解 $11 \div 10$ 的時候，只要找出多少乘以 10 會出現 11 就可以了。答案是 10。

是的。由此可知，算 $A \div B$ 的時候，只需要檢查 A 出現在 B 列的哪一行就行了。我們接著看看下一張表吧？

X	00	01	10	11
00	00	00	00	00
01	00	01	00	01
10	00	00	10	10
11	00	01	10	11

接著，在乘法部分，$10 \div 01$ 是多少？

無解。沒有數乘以 01 的時候，會得出結果 10。

那 $10 \div 10$ 是多少？

有兩種解，10 和 11 都有可能。

所以說，乘法表不能進行除法運算。在前面的乘法表裡，可以對所有的有理數進行除法運算，除了 0 之外（在我們的數系是以 00 表達）。基於此點，是一個高品質的

乘法。但是現在這張表的品質比之前定義的數系差，通常算 $A \div B$，只須找到 B 對應列中的 A，而對應行的數字就是商。如果要讓除法運算成立，是不是該定義每一列的數都只出現一次？下列表格中，每一列的值都只會出現一次。

我們再看一下表。這次數的位元增加到了三位元。

X	000	001	010	011	100	101	110	111
000	000	000	000	000	000	000	000	000
001	000	001	010	011	100	101	110	111
010	000	010	100	110	011	001	111	101
011	000	011	110	101	111	100	001	010
100	000	100	011	111	110	010	101	001
101	000	101	001	100	010	111	011	110
110	000	110	111	001	101	011	010	100
111	000	111	101	010	001	110	100	011

分配律在這張表中果然是成立的，且有限數系中也能進行除法運算。我們來看個例子，$111 \div 100$ 是多少？

只要找出和 100 相乘，乘積為 111 的數就行了。是 011。

再來驗證一下分配律是否成立。

$(100) \times (101+110)$
$=100 \times 011$
$=111$

$100 \times (101+110)$
$=(100 \times 101)+(100 \times 110)$
$=010+101=111$

是不是出現了相同的數？加法、乘法以及各自的結合律都成立了，也滿足了闡述兩者之間的關係的分配律。此外，還能畫出有結構的除法表。這張表中還藏著另一種規律。要不要來解題？ Z 為 110 的數，求解 Z 的平方。

$Z=110$
$Z^2=110 \times 110=010$

接著，求解 Z 的三次方、四次方、五次方、六次方、七次方和八次方。

$Z^2=110 \times 110=010$
$Z^3=110 \times 110 \times 110=111$
$Z^4=110 \times 110 \times 110 \times 110=100$
$Z^5=110 \times 110 \times 110 \times 110 \times 110=101$
$Z^6=110 \times 110 \times 110 \times 110 \times 110 \times 110=011$
$Z^7=110 \times 110 \times 110 \times 110 \times 110 \times 110 \times 110=001$
$Z^8=110 \times 110 \times 110 \times 110 \times 110 \times 110 \times 110 \times 110=110$

八次方的乘積又回到原本的數，Z^8=Z。

在這個有限數系中，除了 0 以外，每一個數都有相對應的冪。一般數不具備這種特殊的性質，但是，在有限數系中，假如設定好某個數，偶爾會出現所有的數會能夠對應回自身的冪的性質。

沒有理論幾乎不可能做出這種表。換句話說，要有代數法則才可能做出，絕無巧合，哪怕是多位元，甚至是一百位元的數也能創造出一個有限數系，只是很困難而已。尤其是要定義好能使除法運算成立的乘法運算的部分，這種構造叫作「有限體」。告訴各位一個有用的情報，只要構成有限體，上面討論的數相對應的冪的性質也會成立，即，就算一個有限體包含了 2100 萬個元素，除了 0 之外，每一個元素都能對應回自身的冪。

好了，接著我們要來看資訊論的具體應用事例。先警告大家，這部分有點難，但我會鞠躬盡瘁地為各位講解。我堅持要讓大家熟悉，是因為這是資訊處理範疇裡經常會用到的方法。

像是 USB 之類的儲存裝置裡的檔案若發生問題能自動處理，都是利用了這個資訊論，尤其是發收訊息出現錯誤時特別有用。比方說，人工衛星回傳信號卻受到宇宙放射線等的現象干擾，導致信號出錯，這時候，要是沒有自動校正裝置，就不可能使用。

　　最先利用 *0* 和 *1* 作為資訊代數的原因是因為機器的特性和符號的便利性。使用了數字之後，數字之間會進行加法運算，加上微妙的乘法運算，現在已經到了沒有代數，資訊技術就會寸步難行，使人真切感受到文明的進步。下面的內容雖然不容易，但請諒解。

　　好了。為了方便運算，我再重列一次上面算過的 Z 的乘方結果。

$Z=110, Z^2=010, Z^3=111, Z^4=100, Z^5=101, Z^6=011$

　　這次，我們試著創造七位元的單字。包含所有可能的七位元單字，其中請謹慎定義真的會使用到的、有意義的單字，我們選擇的七位元單字 *w=abcdefg*，須滿足以下多項式。

$F(w)=a001+bZ+cZ^2+dZ^3+eZ^4+fZ^5+gZ^6=000$

　　上面多項式中的 *a*、*b* 和 *c* 是 *0* 或是 *1*，而 *1* 的個數大於 *0*。

當 w=1100101 時，
$F(w)=001+Z+Z^4+Z^6=001+110+100+011=000$。
由此可知，w是有意義的。

另外，當v=1011101時，

$F(v)=001+Z^2+Z^3+Z^4+Z^6=001+010+111+100+011=011$，

因此v是無意義的。

要 成 為 像 w 一樣「 有 意 義 」 的 單 字 ， 就 得 滿 足 $F(w)=000$ 的 條 件 才 行 。 再 說 一 次 ， 在 編 碼 、 解 碼 的 時 候 ， 大 多 只 使 用 有 意 義 的 單 字 。 因 此 ， 當 收 到 了 七 位 元 的 訊 息 w 時 ， 如 果 $F(w)$ 不 是 0 ， 就 可 以 判 斷 出 傳 送 過 程 中 發 生 錯 誤 。 用 這 種 方 式 可 以 觀 察 出 兩 個 錯 誤 ， 並 且 修 正 一 個 錯 誤 ， 原 因 是 ， 有 意 義 的 單 字 w 和 w' 至 少 有 三 個 位 元 不 一 樣 。

為 了 驗 證 「 有 意 義 的 單 字 w 和 w' 至 少 有 三 個 位 元 不 一 樣 」 ， 我 們 來 進 行 簡 單 的 觀 察 。

如果 $F(w)=000, F(w')=000$，則 $F(w+w')$ 也是 000。

那 麼 現 在 分 別 寫 下 兩 個 單 字 的 位 元 位 置 $w=abcdefg,$ $w'=a'b'c'd'e'f'g'$，就 會 變 成 $w+w'=(a+a')(b+b')(c+c')(d+d')$ $(e+e')(f+f')(g+g')$ 。 在 $w+w'$ 的 位 置 中 ， 如 果 w 和 w' 對 應 的 位 元 一 樣 ， 就 是 0 ， 反 之 就 是 1 。 來 試 著 看 命 題 實 例 吧 。

w=0110011

w'=1110110

這兩個單字有幾個不同的位元？有三個位元不同對吧。接著，我們把這兩個數相加。

```
 0110011
+1110110
 1000101
```

上面得出的結果有三個位元是 *1*，對吧？用這種方式可確定 *w+w′* 有多少位元不是 *0*，能準確得知 *w* 和 *w′* 各自不同的位元個數。然而，假如 *w*、*w′* 兩個都是有意義的單字，則 *f(w+w′)=000*，因此我們應該可得到以下事實：

（命題）f(u)=000，假使 u 不等於 0000000，那麼至少有三個位元不為 0。

接下來，我們重新寫下 *u=abcdefg*，進行驗證：

f(u)=a001+bZ+cZ^2+dZ^3+eZ^4+fZ^5+gZ^6=000

u 的位元位置是否只有一個位元為 *0*？那代表 *Z^j* 中只有一個是 *000*，所以不可能。那會不會只有兩個位元為 *0*？也就是說，比 *i* 大的數 *j*，多項式 *Z^i+Z^j=000* 會成立。那麼，*Z^i=−Z^j*，*−Z^j=Z^i*。因此 *Z^i=Z^j*，就如同上面看到的，*i* 和 *j* 不一樣，且若小於 *7*，則多項式不成立。由此可推出命題真假。

看得出校正錯誤的過程有多籠統了，因為傳送的三個以上不同位元的有意義單字中，出現了兩個錯誤，變成了無意義單字，所以可以偵測出錯誤。還有，如果只有一個位元發生錯誤，由於近似有意義單字中的某一單字，有可能正確校正。那麼有沒有可能把想傳達的訊息內容重複三次呢？就像您一開始說的重複指令。

多重複幾次，功能會變得更好，但是為什麼不只用重複 10 次左右的程式碼呢？是因為這樣會降低資訊比率。重複三次同樣訊息的程式碼資訊比率是三分之一，那麼這個數系的程式碼的資訊比率是多少？雖然聊得比較深入，但是在七位元數 w 中，時常使用 $a1110000+b1001100+c0101010+d1101001$ 表現 $F(w)=000$。

這是大學二年級的線性代數會學到的東西。滿足 $F(w)=000$ 的 w，是某一種「四次元空間」，也就是說，根本上所有有意義的四次元數的集合大小是一樣的。從四位元 $abcd$ 開始，將其編碼為七位元。如此一來，資訊比率會是多少？

是七分之四。觀測出兩個位元的錯誤並校正的能力，比重複三次訊息內容的程式碼資訊比率好得多。

是的。站在資訊論的觀點來看，七分之四比三分之一好太多了。假如站在投入數百萬美金的通訊費用的企業立場上思考，是不是就能理解了？

　　當然，現實中的訊息收發系統把這個原理應用在比這個更長的單字上，那時候會利用數百、數千單位的數系乘法結構。這一類的數系效果問題，回歸到實際應用上，是抽象的數學理論、計算科學與工學的活躍的研究範疇。

　　雖說數系與符號應用較為艱澀，但還是介紹一個具體的數系實例給大家。

×	0	1	2	3	4	5	6	7	8	9	10	11	12	13	14
0	0	0	0	0	0	0	0	0	0	0	0	0	0	0	0
1	0	1	2	3	4	5	6	7	8	9	10	11	12	13	14
2	0	2	4	6	8	10	12	14	1	3	5	7	9	11	13
3	0	3	6	9	12	0	3	6	9	12	0	3	6	9	12
4	0	4	8	12	1	5	9	13	2	6	10	14	3	7	11
5	0	5	10	0	5	10	0	5	10	0	5	10	0	5	10
6	0	6	12	3	9	0	6	12	3	9	0	6	12	3	9
7	0	7	14	6	13	5	12	4	11	3	10	2	9	1	8
8	0	8	1	9	2	10	3	11	4	12	5	13	6	14	7
9	0	9	3	12	6	0	9	3	12	6	0	9	3	12	6
10	0	10	5	0	10	5	0	10	5	0	10	5	0	10	5
11	0	11	7	3	14	10	6	2	13	9	5	1	12	8	4
12	0	12	9	6	3	0	12	9	6	3	0	12	9	6	3
13	0	13	11	9	7	5	3	1	14	12	10	8	6	4	2
14	0	14	13	12	11	10	9	8	7	6	5	4	3	2	1

　　這就是前面提過的對 15 取模的數系，這次是除以 15 以後剩下的元數集合，所以會複雜一些。假如 11×7=77，除以 15 之後，餘 2。對照上面的乘法表，確認 11×7=2 無誤。既然稱之為數系，加法運算表也應隨之

成立。加法也一樣是對 15 取模，假如 11+7=18，除以 15 取餘數 3，因此在這個數系中 11+7=3。但檢查加法運算表後，會發現除法運算行不通，像是 12÷6 就存在許多解，10÷5 也一樣，而 20÷5 無解。之前說過除法運算不成立的數系，性能會下降，但其實這是一種過程。我現在就要來談除法不成立的數系應用。

您說不是完全不能使用除法，而是「除法多半行不通」。就像上面的數系中，3÷7 可得 9 一樣，對 7 取模是可行的。除此之外，還能滿足蠻多其他數的除法運算。

是的，研究表之後會發現能滿足 A÷B 的 B 有 1、2、4、7、8、11、13 和 14。這些數的共通點是什麼，有發現嗎？想一想它們和 15 的關係，和不能當分母的 3、5、6、9、10 和 12 相比，這些數和 15 互為質數。在模運算裡經常出現這種現象，這也叫「結構」現象。在忘記之前，先確定結合律、分配律和交換律等是不是成立。

看似簡單，但模運算在現代科技上佔有重要的一席之地。前面提過的資訊代數是對 2 取模。模運算之所以重要，還有另一個原因，那就是用模運算創造的「符號」。現在想要實現的就是所謂的「公開金鑰」，用符號將訊息加密之後，即使任意向外發布，也只有設計者才能解密。

明白了加密方式也無法解密，真的很奇怪。如果我們創造能把英文轉換成數字的加密方式，A=1,

$B=2, C=3$……收到「3、1、20」的密文訊息時，就能解密
$3 \rightarrow C$，$1 \rightarrow A$，$20 \rightarrow T$，得出某人想傳達 CAT 的訊息。

　　手上有金鑰的時候要解密簡直易如反掌。所謂的金鑰（key）本來就是對應明文和密文的規則。所以剛才的 $A=1, B=2, C=3$……寫在金鑰目錄上。如字面上的意思，「公開金鑰」就是公開的加密方式，所以只要知道金鑰，就能夠進行解密。

為什麼需要加密呢？

　　公開金鑰代表使用事例就是我們電腦上使用的瀏覽器。瀏覽器一直都會公開一個金鑰。於是，當瀏覽器連結上安全網站的時候，會使用電腦瀏覽器的公開金鑰，加密發送訊息。任何網站只要使用了正確的我的電腦公開金鑰後的訊息，就只能公開，但是如果有人半途攔截這個訊息，即便那個人有公開金鑰也無法進行解密，因為設計金鑰時，限制了只有我的瀏覽器才能解密。我們上需要輸入密碼的銀行網站也是一樣，該網站用它的公開金鑰加密我的密碼之後傳出去。可是就算其他人知道那個網站的公開金鑰，也只有銀行才能解密我的密碼，確認我輸入的是不是正確的密碼。

　　為了建構加密方式，不管是任何資訊，都得先轉換成「數」。由於電腦語言是數字，所以在傳遞訊息時早就已

經使用數處理，因此我們關注的訊息便被轉換為數。舉例說明，原本的訊息是 x，介於 0 和 100 之間。但是為了求解 x^{37}，向 1182263 取模，得出 965591。那麼，x 是多少？以加密語言來說，這裡利用的道具是向 1182263 取模的模運算，因此金鑰會對應到向 1182263 取模的數系中的 x^{37}，解密方式為從 x^{37} 計算 x 的 37 次方的過程。

因為數很大，是不是很難理解？為了培養直觀思考，我們用小一點的數字 15 進行模運算練習。此處，如果 $x^3=13$，那麼在上面的乘法表中，$x=7$ 是唯一解。因為必須一一運算，會花不少時間，對吧？其實有更簡單的方法。

根據模運算表，$13^3=7$，怎麼樣？和上面的 x 一模一樣吧。猜得出為什麼嗎？

和前面看到的模運算的乘方性質有關係。

就是這樣沒錯。關鍵就在於上面和 15 互質的數字，$a=1$、2、4、7、8、11、13 和 14。具有在對 15 取模的運算中，$a^8=1$ 的性質。因此，由於 $a^9=a$，當已知 a^3 時，再進行一次三次方運算 $(a^3)^3=9$，得出 a。

非常神奇呢。在進行模運算時，只需要對給予的元素進行三次方，確實比把所有的元素都進行三次方簡單很多。再多驗算幾個數，對 15 取模的 a，依舊能滿足 $a^8=1$

的條件，但是這個 8 是怎麼算出來的？

這就是前面說的公開金鑰的重點。其實，從 $15=5\times3$ 的 15 互質數分布裡，會發現 $8=(5-1)(3-1)$。大概不好理解，這種時候可以利用一般命題幫助理解。事實上，用多項式 $n=pq$，對兩個質數的乘方為中心進行模運算的時候，如果出現了 n 和互質數 a 的話，通常 $a^{(p-1)(q-1)}$ 也會跟著成立。這叫做歐拉方程式（*Euler's formula*）。

要不要來算一下當 n 等於 $10=5\times2$ 的情況？這時候 $(p-1)(q-1)$ 是 $4\times1=4$。假設 $3^4=81$，則對 10 取模會得到 1。再來算看看 7^4？這個需要動用計算機，答案是 2401。果然對 10 取模，a^4 會等於 1。很抱歉，我要省略歐拉方程式的證明部分。

這個運算法就是歷史上的費馬小定理（*Fermat's little theorem*）。費馬小定理定義了和質數有關的模運算：當 p 為質數，則當 $a=1, 2,\cdots\cdots, p-1$，對 p 取模時，會滿足 $a^{(p-1)}=1$。

回到剛才的問題，想不想解一下大數 1182263 的模運算中，$a^{37}=965591$ 時的 a？這時候，只需要求出 965591 的 574093 乘方就行了，計算之後會得出結果 7。利用電腦的話，可以很快地算出來。這就是模運算的特色，能非常有效率地完成乘法運算及乘方運算。

親自動手計算數值小的例子會更有感覺，我們來試著算看看 2^{100} 的對 10 取模？

$2^2=2, 2^3=8, 2^4=6, 2^5=2$
因此，
$2^{25}=(2^5)^5=2^5=2$
$2^{100}=2^{(25+25+25+25)}=2^{25}\times2^{25}\times2^{25}\times2^{25}=2^4=6$

在模運算裡，數經常會出現重複現象，所以非常簡單就能算出乘方。雖然數字一大，要用人工運算會很累，不過用電腦的話，一眨眼就能算完。雖然不管多大的數，電腦都能幫忙計算，當 n 越大，進行對 n 取模，求解 k 次方乘積問題時，越難有更高的效率。想從 a^k 求 a 的時候，只需計算所有 a 的可能解就行了，這正是為什麼需要公開金鑰。因此對幾千位數的 n 取模求立方根的時候，就算是用電腦運算也要花非常久的時間，限時的話是不可能的作業。

但是前面為什麼能求出 a 的 37 次方的 574093 乘方？

因為我知道怎麼對 1182263 做質因素分解。

$1182263=911\times1193$
911 和 1193 是質數，$(911-1)\times(1193-1)=1180080$

　　因此，a 一定是 991 或 1193 能除盡的數，否則在對 1182263 取模運算時，$a^{1180080}=1$。因此我在做 574093 乘方運算的過程會是 $37×574093=21241441=1180080×18+1$。

$$(a^{37})^{574093}=a^{\{1180080×18+1\}}=(a^{1180080})^{18}×a=1^{18}×a=a$$

　　在集中精神，仔細研究之前，我必須承認這些內容確實比較難。如果有人想試著用電腦計算看看，可以搜尋關鍵字 *modular arithmetic calculator*，這是一個幫忙迅速進行取模運算的網頁。

　　這段的重點是這個。在進行對 n 取模時，如果已知 n 的質因數分解，就能夠輕輕鬆鬆找出 b 的 k 次方根，但是在不知道質因數分解的情況下，只能花很長的時間，大致推算 k 的乘方可能性，直到找到 b 為止。而且要是遇到更大的 n 數值，不管用多快的電腦，在現實來說都是不可能執行的運算。像是前面舉的 $n=1182263$ 的例子，那麼用電腦也能快速找出 37 乘方。可是人工手算的話，就不可能辦到，不過電腦也很難計算比這個數要大幾千位數的數。

　　不能先讓電腦進行質因數分解嗎？

　　看似只要進行質因數分解就可以，但其實電腦進行大數的質因數分解，需要花很長的時間。在電腦理論的立場來說，是具有一定難度和代表性的作業，有許多有趣的理

論都牽涉到這個問題。

老師為什麼會知道 *1182263* 的質因數分解？

因為我的運算能力很好？其實不是的，我只是先決定用質數 *991* 和 *1193* 相乘。這是一個重點。只有生成金鑰的人才會知道自己是使用了哪一個質數乘積 *n* 作為公開金鑰，其他人即使知道了 *n*，也無法對 *n* 做質因數分解。

我想確保明文傳送安全，告訴對方我的公鑰是兩個大質數 *p*、*q* 的乘積 *n*，與 *(p-1)(q-1)* 和互質數指數 *k* 的次方運算結果 *a*。假如中間有人收到密文 *a*，對 *a* 取模找出 a^k，縱使中間方找出了 *n* 和 *k*，試圖求 a^k，但由於中間方不知道 *p*、*q*，所以無法得知明文 *a*，但是因為我知道 *p*、*q* 是多少，所以馬上就能求出 a^k。其中，*a* 和 *n* 應該要互為質數，但這件事不重要，所以省略不談。

電腦性能日益進步，會不會以後就能對密文進行解密？

的確會產生這種疑惑。實際上，為了能對更大數取模，找出更大質數的數學過程也變得更重要了。至今，這方面的理論還在無窮無盡地發展著——雖然我不知道該說這個是有趣，還是可怕，假如量子電腦問世，那麼就能更輕鬆地進行大數的質因數分解。關鍵在於 *1990* 年代，彼得·秀爾（*Peter Shor*）提出的量子電腦理論是否能實現。

目前的量子電腦還停留在簡單的作業，但以量子電腦進行有效的大數質因數分解理論上是可行的。關於量子力學，簡單來說就是同時發生許多種現象，而量子電腦就是能同時多工運算的電腦。

原來量子電腦就像薛丁格的貓（*Schrodinger's Cat*），如同貓同時處於生存和死亡的狀態一樣，可以同時進行多工運算。我們聽說目前正在積極開發量子電腦，萬一有朝一日，量子電腦普及化，那世界會變得怎樣呢？一下子就能破解複雜的運算，感覺駭客會非常猖獗。

由於駭客的危險性，各大機關都在準備各種對應方法。韓國是這樣，美國 *NSA* 和英國 *GCHQ* 等資安機關也都在積極開發新的加密系統。而這也是數學家們非常重要的課題之一。

需要數學的瞬間：在生活中輕鬆學習數學 ／
金民衡　著；黃莞婷　譯
-- 初版. -- 臺北市：笛藤，2020.12
　　面；　公分
譯自　수학이 필요한 순간

ISBN 978-957-710-803-6
310　　　　　　　　　　　　　109018948

在生活中
輕鬆學習數學！

需要 ≥
數學
的瞬間

2020年12月28日　初版第一刷　定價 340元

作者	金民衡
翻譯	黃莞婷
編輯	江品萱
美術設計	王舒玕
總編輯	賴巧凌
編輯企劃	笛藤出版
發行所	八方出版股份有限公司
發行人	林建仲
地址	台北市中山區長安東路二段171號3樓3室
電話	(02) 2777-3682
傳真	(02) 2777-3672
總經銷	聯合發行股份有限公司
地址	新北市新店區寶橋路235巷6弄6號2樓
電話	(02)2917-8022·(02)2917-8042
製版廠	造極彩色印刷製版股份有限公司
地址	新北市中和區中山路二段380巷7號1樓
電話	(02)2240-0333·(02)2248-3904
印刷廠	皇甫彩藝印刷股份有限公司
地址	新北市中和區中正路988巷10號
電話	(02) 3234-5871
郵撥帳戶	八方出版股份有限公司
郵撥帳號	19809050